高等职业教育土木建筑类专业教材

装饰装修工程计量与计价实务

主　编　陈晓婕　郑宣宣
主　审　武　强

北京理工大学出版社
BEIJING INSTITUTE OF TECHNOLOGY PRESS

内 容 提 要

本书根据高等职业院校培养技能型人才的目标，并结合编者多年的教学经验编写而成。全书共包括10个项目，分别是楼地面工程清单项目及工程量计算，楼地面工程工程量清单计价，墙柱面工程清单工程量计算，墙柱面工程清单工程量计价，天棚工程清单项目及工程量计算，天棚工程工程量清单计价，门窗工程清单项目及工程量计算，门窗工程工程量清单计价，油漆、涂料、裱糊工程清单项目及工程量计算，油漆、涂料、裱糊工程工程量清单计价。另外，本书还附有配套工程图。

本书可作为高职高专院校工程造价类相关专业的教材，也可作为工程造价计价人员的参考用书。

图书在版编目（CIP）数据

装饰装修工程计量与计价实务/陈晓婕，郑宣宣主编.—北京：北京理工大学出版社，2023.1重印

ISBN 978-7-5682-0508-5

Ⅰ.①装… Ⅱ.①陈… ②郑… Ⅲ.①建筑装饰－工程装修－工程造价－高等学校－教材 Ⅳ.①TU723.3

中国版本图书馆CIP数据核字(2017)第002730号

出版发行 / 北京理工大学出版社有限责任公司
社　　址 / 北京市海淀区中关村南大街5号
邮　　编 / 100081
电　　话 / （010）68914775（总编室）
（010）82562903（教材售后服务热线）
（010）68944723（其他图书服务热线）
网　　址 / http://www.bitpress.com.cn
经　　销 / 全国各地新华书店
印　　刷 / 北京紫瑞利印刷有限公司
开　　本 / 787毫米×1092毫米　1/16
印　　张 / 8.25
字　　数 / 149千字
版　　次 / 2023年1月第1版第5次印刷
定　　价 / 39.00元（含配套工程图）

责任编辑 / 钟　博
文案编辑 / 钟　博
责任校对 / 孟祥敬
责任印制 / 边心超

前　言

随着现代装饰行业的不断发展，各高职高专院校的很多专业都在市场调研的基础上，对专业人才培养方案进行不断修订。因此，为了适应新人才培养需要，迫在眉睫地需要编制最新的教材来适应建筑装饰工程技术和工程造价专业学生对“装饰预算”专业核心课程的实施，以弥补原有教材的在学生学习效率和预算能力与最新要求之间存在很大差距以及实践环节得不到有效实施的缺陷。

本书通过不断调研，并结合建筑装饰工程技术和工程造价两个专业的人才培养方案，旨在提高学生知识和技能的融会贯通。本书是一本综合性强、实践内容全面、效果明显的教材，是结合工程造价综合实训课程的教学特点编写的。教材主要特色是注重培养学生理论与实践相结合的能力，即在老师指导下，使得学生通过完成装饰装修计量与计价实训的各项内容，在学习方法和动手能力两个方面都得到培养和锻炼，充分体现了高职高专院校培养学生的特点。

本课程是工程造价专业学生在学习完装饰装修计量与计价课程之后开设的综合性课程，它既可以作为学生在顶岗实习之前，在校内模拟工程造价工作岗位的工作过程，独立完成某一个或几个工程的造价实训，获得造价员岗前培训，为顶岗实习奠定基础；又可以作为土建类专业课程的补充，通过安排两周的综合实训，即30课时，完成一个实际项目的装饰装修工程综合实训，进一步巩固学生综合运用知识、解决实际问题的能力。

本书由陕西工业职业技术学院陈晓婕、郑宣宣担任主编。全书由陕西工业职业技术学院武强主审。本书具体章节编写分工为：陈晓婕编写项目1～项目4，郑宣宣编写项目5～项目10。同时，很多陕西省装饰企业的同行也参与了本书的编写工作，他们为本书提供了工程实例，并对本书进行了审读，提出了很多宝贵的意见，在此表示衷心感谢！

本书在编写过程中，参考和引用了国内外大量文献资料，在此向原书作者表示衷心感谢。由于编者水平有限，本书难免存在不足和疏漏之处，敬请各位读者批评指正。

编　者

目 录

项目1　楼地面工程清单项目及工程量计算

1.1　实训技能要求

（1）掌握基本的识图能力，通过分析建筑设计总说明、室内装修做法表及各层平面图，掌握地面装饰使用的材料和计算尺寸。

（2）掌握陕西省装饰装修地面工程量清单项目的组成以及计算规则。

（3）具备正确地运用楼地面工程工程量计算方法的能力，能以装饰装修工程楼地面计算规则为基础计算各项工程量。

1.2　实训内容

1.2.1　实训步骤

（1）熟悉某专用宿舍楼工程的建筑施工图和结构施工图（参见附图）以及《陕西省建设工程工程量清单计价规则（2009）》，并收集相关的实训资料。

（2）按照《陕西省建设工程工程量清单计价规则（2009）》，设置楼地面工程工程量清单项目，对其项目编码，描述项目特征。

（3）根据《陕西省建设工程工程量清单计价规则（2009）》中楼地面工程工程量的计算规则以及施工平面图中相关尺寸，计算楼地面工程量。

（4）整理回答相关问题，并将计算结果填写在文后表格内（表1-1）。

1.2.2　工程内容

通过分析建筑设计总说明和室内装修做法表可知，本工程楼地面的类型有三种：即花岗岩地面、地砖地面、防水地面。通过查阅《陕西省建设工程工程量清单计价规则

（2009）》可知，花岗岩地面属清单项目为“石材楼地面”章节下的石材楼地面，其工程内容应包括：基层清理、铺设垫层、抹找面层，铺设防水层、铺设填充层，铺设面层，嵌缝，刷防护材料，酸洗打蜡、材料运输。地砖地面、防水地面属清单项目“块料楼地面”，其工程内容与石材楼地面一致。

1.2.3 项目特征

石材楼地面、块料楼地面在进行项目特征描述时，应包括：

（1）垫层材料种类、厚度；

（2）找平层厚度、砂浆配合比；

（3）防水层、材料种类；

（4）填充材料种类、厚度；

（5）结合层厚度，砂浆配合比；

（6）面层材料品种、规格、品牌、颜色；

（7）嵌缝材料种类；

（8）防护层材料种类；

（9）酸洗、打蜡要求。

砂浆楼面在进行项目特征描述时，应包括：

（1）垫层材料种类、厚度；

（2）找平层厚度、砂浆配合比；

（3）防水层、材料种类；

（4）面层厚度、砂浆配合比。

1.2.4 工程量计算规则

块料楼面和石材楼地面的计算规则相同，均按设计图示尺寸以面积计算。其中：

（1）扣除面积：凸出地面构筑物、设备基础、室内铁道、地沟等所占的面积；

（2）不扣除面积：间壁墙和0.3 m^2以内的柱、垛、附墙烟囱及孔洞所占的面积；

（3）不增加面积：门洞、空圈、散热器包槽、壁龛的开口部分所占的面积。

1.3 知识链接

1.3.1 项目特征说明

（1）楼地面。楼地面由基层（楼板、夯实土基）、垫层、填充层、隔离层、找平层、结合层（面层与下层相结合的中间层）、面层等组成。

（2）垫层。垫层是指承受地面荷载并均匀传递给基层的构造层，常用的有混凝土垫层，砂石人工级配垫层，天然级配砂石垫层，灰、土垫层，碎石、碎砖垫层，三合土垫层，炉渣垫层等。

（3）找平层。找平层是指在垫层、楼板上或者填充层起找平、找坡或加强作用的构造层，一般为水泥砂浆找平层，有特殊要求的可采用细石混凝土、沥青砂浆、沥青混凝土等材料铺设。

（4）隔离层。隔离层是指起防水、防潮作用的构造层，常用材料有卷材、防水砂浆、沥青混凝土等材料铺设。

（5）填充层。填充层是指建筑楼地面上起隔声、保温、找坡或敷设暗管、暗线等作用的构造层。常用材质有轻质的松散材料，如炉渣、膨胀珍珠岩等；块体材料，如加气混凝土、泡沫塑料、矿棉、板材和膨胀蛭石、膨胀珍珠岩等；整体材料，如沥青膨胀珍珠岩、沥青膨胀蛭石、水泥膨胀珍珠岩等。

（6）面层。面层是指直接承受各种荷载作用的表面层，由整体面层（水泥砂浆、现浇水磨石、细石混凝土、菱苦土等）和块料面层（石材、陶瓷地砖、橡胶、塑料、竹、木地板）等构成。

（7）面层中的其他材料。

1）防护材料：是指耐酸、耐碱、耐臭氧、耐老化，防火、防油渗等的材料。

2）嵌条材料：是指用于水磨石分格、作图案等的嵌条，如玻璃嵌条、铜嵌条、铝合金嵌条、不锈钢嵌条等。

3）压线条：是指地毯、橡胶板、橡胶卷材铺设的压线条，如铝合金、不锈钢、铜压条等。

4）颜料：是指用于水磨石地面、踢脚线、楼梯、台阶和块料面层勾缝所需配置砂浆或砂浆内添加的颜料（耐碱的矿物颜料）。

5）防滑条：是指用于楼梯、台阶踏步的防滑设施，如水泥玻璃屑，水泥铜屑，铜、铁防滑条等。

6）地毯固定配件：是指用于固定地毯的压棍脚和压棍。

7）扶手固定配件：是指用于楼梯、台阶的栏杆柱、栏杆、栏板与扶手相连接的固定件，或者靠墙扶手与墙连接的固定件。

（8）酸洗、打蜡、磨光：水磨石、菱苦土、陶瓷块料，均可用酸清洗油渍、污渍，然后打蜡（松香水、鱼油、煤油等按设计要求配合）和磨光。

1.3.2　常见的材料种类及施工方法说明

在楼地面工程清单项目设置中，项目名称主要依据材料的不同进行分类，归纳起来，大致可以分为以下两大类：

（1）整体面层。整体面层是指整体浇筑施工而成的地面或楼面。

1）水泥砂浆面层。

① 材料简介。水泥砂浆面层是指楼地面抹厚为20～25 mm，配合比为1：（1.5～2.5）的水泥砂浆，是应用最广泛的一种整体面层。其优点是造价低廉，施工方便；缺点是容易起砂，地面干缩较大。

② 施工方法。水泥砂浆面层施工方法主要有处理基层，弹线，做标筋或标志块（控制面层标高），刷水泥素浆（控制面层厚度），施抹三遍压光，保湿养护等步骤。每个步骤都需要认真做好，否则容易出现空鼓、起砂、脱皮等质量问题。

2）细石混凝土面层。

① 材料简介。细石混凝土面层强度高、干缩小，但厚度较大，一般为30 mm，要使表面平整，不露出石子，操作时较为费力。为了提高表面光洁度和耐磨性，压光时可撒上适量的1：1干拌的水泥砂子灰。

细石混凝土地面的混凝土等级一般不低于C20，水泥强度等级应不低于32.5级，碎石或卵石的最大粒径不超过15 mm，并要求级配适当。配置出的混凝土坍落度应在30 mm以下。

② 施工方法。细石混凝土面层施工方法类似于水泥砂浆地面，但应注意细石混凝土摊铺后需要长刮杠刮平并振捣密实，表面塌陷处应用细石混凝土补平，再用长刮杠刮一次，最后用木抹子搓平。

3）现浇水磨石面层。

① 材料简介。现浇水磨石是由水泥、大理石石粒、涂料、砂子等，经过一定工序制成的一种人造石材。其特点为价格较便宜，铺出的地面可以按照设计要求用分格条组合出不

同的图形，有一定的装饰效果。

② 施工方法。现浇水磨石面层的做法是在垫层上摊铺20 mm厚1：3的水泥砂浆作找平层，要求涂抹平整，但不必压光。砂浆干硬后弹出图案或水平分格墨线，镶铜条或玻璃条用素水泥浆埋牢。分格条高10 mm，埋入素水泥浆的高度为2/3，待分隔条养护牢固后，即可摊铺1：2的水泥砂浆，并使其高出分格条1～2 mm。防止滚压时压弯、粉碎分隔条。然后在其表面均匀撒布石粒，并拍实、压平、反复滚压。待砂浆有适当强度后，用磨石机将表面磨光并冲洗、上浆，以填补细砂孔眼。经过“二浆三磨”后，清洗干净并打蜡抛光。

（2）块料面层。块料面层种类繁多，在此选择一些常见的材料加以说明。

1）天然大理石板材。

① 材料简介。天然大理石是石灰石经高温、高压热变作用形成的结晶质岩石，是变质岩的一种。天然大理石板材是天然岩石经开采、锯切、研磨、打蜡、抛光等工序制成的装饰板材，具有一定规格，表面光滑，带有天然纹理，一般用于墙面或者地面。

因为大理石的主要成分为碳酸钙，易被酸侵蚀，所以一般不宜用作室外装饰（汉白玉除外），否则会受到酸雨以及空气中酸性氧化物遇水形成的酸类腐蚀，失去光泽，甚至出现斑点、脱粉等问题。室外装饰用的大理石板材，不必进行抛光，是因为大理石的光泽遇雨水马上就消失了，只要采用水磨光滑的板材即可。

② 施工方法。施工前应清理基层，抹找平层，光滑的混凝土需凿毛，以增加板块的粘结力。铺设前一天将地面浇水湿润。根据结合层厚度确定平面标高，一般水泥砂浆控制为10～15 mm，结合层为20～30 mm。然后，弹出地面中心线和控制方格网，按控制方格网对大理石板材进行试铺，调整花纹和颜色，定位编号，按次序堆放，便于铺贴。

块料铺设前应浸水润湿后阴干，以保证面层与结合层粘结牢固。从地面中心线处开始铺设，对准铺平，用橡胶锤轻敲振实，带有一定强度后嵌缝，擦净余浆，进行养护，然后打蜡抛光。

2）天然花岗石板材。

花岗岩是一种结晶成岩。天然花岗石板材是将开采的花岗石块，经机械或人工加工成板料，再经细凿加工及磨光等工序，制成一定规格的、晶粒排列比较整齐的板材。

天然花岗石板材的化学成分稳定，不容易风化变质，材质坚固耐用，硬度高，耐磨损，不受酸性物质侵蚀，是十分理想的高级装饰饰面材料，常用于室内外的地面、台阶、柱面、墙面、勒脚等处。

3）人造石板材。

① 材料简介。人造石板材是以不饱和聚酯树脂作为胶凝材料，填充不同的天然石料，加工成酷似某些天然石材质感的饰面板材，其质量轻、强度高，可锯切、钻孔，易粘结，厚度可以很薄，并且由于使用的凝胶材料是不饱和聚酯树脂，因此，人造石板具有很好的耐酸碱腐蚀和抗污染性，是一种比较经济实用的饰面材料。

② 施工方法。人造石板材铺设方法类似大理石。

4）陶瓷面砖。

① 材料简介。常见用于楼地面工程的陶瓷面砖有地面砖和陶瓷马赛克，地面砖是防潮转，也称为红缸砖；陶瓷马赛克，主要铺设室内地面，也可以大量用于内外墙装饰。其基本特点是质地坚实、色泽稳定、耐污染、不渗水、不吸水、防滑。

② 施工方法。地面砖的铺设方法与大理石类似，陶瓷马赛克的铺贴工艺也与大理石大致相同，不再赘述。

1.3.3 其他说明

（1）有关项目的说明。

1）零星装饰适用于小面积（0.5 m^2）少量分散的楼地面装饰，其工程部位或者名称应在清单项目中进行描述。

2）楼梯、台阶侧面装饰，可按零星项目编码列项，并在清单项目中进行描述。

3）扶手、栏杆、栏板适用于楼梯、阳台、走廊、回廊及其他装饰性部位。

（2）工程量计算规则的说明。

1）台阶面层与平台面层是同一种材料时，平台计算面层后，台阶不再计算最上层踏步面积；如台阶计算最上一层踏步，则平台面层必须扣除该层面积。

2）包括垫层的地面和不包括垫层的楼面应分别计算工程量，并分别编码列项（按照第五级编码）。

3）单跑楼梯不论中间是否有休息平台，其工程量与双跑楼梯计算相同。

1.4 实训成果

（1）通过本节课的学习，试回答表1-1中所列的问题，并将答案填写在对应的表格内。

表1-1　问题及解答

序号	任务及问题	解答
1	整体面层和块料面层的区别是什么？	
2	橡塑面层中木地板工程量的计算公式是什么？	
3	如何对白色大理石面层进行清单项目设置？	
4	块料楼梯的工程量计算规则是什么？	
5	块料台阶面和水泥台阶面的项目特征有什么区别？	

（2）根据本节课所涉及的工程项目，填写工程量清单表（表1-2）。

表1-2　工程量清单表

序号	项目编码	项目名称	项目特征	计量单位	工程量
1					
计算过程					
2					
计算过程					
3					
计算过程					
4					
计算过程					
5					
计算过程					

项目2　楼地面工程工程量清单计价

2.1　实训技能要求

（1）能够充分、全面地熟悉图纸，了解设计意图，掌握工程全貌。

（2）能够正确列取楼地面工程名称，描述清楚项目特征。

（3）能够正确分析楼地面工程综合单价的计算过程。

（4）能够编制楼地面分部分项工程量清单综合单价分析表。

2.2　实训内容

通过本节课的学习，试回答表2-1中所列的问题，并将答案填写在对应的表格内。

表2-1　问题及解答

序号	任务及问题	解答
1	600 mm×600 mm陶瓷地砖中30厚1：3干硬形水泥砂浆需要量是多少？	
2	装饰装修定额换算方法有哪些？	
3	楼梯间地砖地面的工作内容有哪些？	
4	洗浴室地面的灰浆搅拌机和石料切割机需要量是多少？	

2.3 知识链接

2.3.1 综合单价的计算方法

综合单价是指在分部分项清单工程量以及相对应的计价工程量项目乘以人工单价、材料单价、机械台班单价、管理费费率、利润率的基础上综合而成的。形成综合单价的过程不是简单地将其汇总的过程，而是根据具体分部分项清单工程量和计价工程量以及工机单价等要素，通过具体计算后综合而成的。常见的计算方法有实物法和工料机单价法两种。

（1）实物法。选套组价定额项目的人工、材料、机械台班消耗量。其中，人工、材料、机械台班的单价为市场价，计算组价定额项目的人工费、材料费、机械费之和。

1）计算综合单价中的人工费。

综合单价人工费=Σ（清单项目组价内容计价工程量/清单项目工程量×消耗量定额人工用量×人工单价）

2）计算综合单价中的材料费。

综合单价材料费=Σ（清单项目组价内容计价工程量/清单项目工程量×消耗量定额材料用量×材料单价）

3）计算综合单价中的机械费。

综合单价机械费=Σ（清单项目组价内容计价工程量/清单项目工程量×消耗量定额机械用量×机械台班单价）

4）计算管理费。

以人工费、材料费、机械费之和为计费基础，即

管理费＝工费、材料费、机械费之和×管理费费率

以人工费与机械费之和为计费基础，即

管理费=Σ（人工费＋机械费）×管理费费率

以人工费为计费基础，即

利润=Σ人工费×管理费费率

5）计算利润。

以人工费、材料费、机械费之和为计费基础，即

利润=（人工费＋材料费＋机械费）×利润率

以人工费与机械费之和为计费基础，即

利润=Σ（人工费+机械费）×利润率

以人工费为计费基础，即

利润=Σ人工费×利润率

6）考虑风险因素并计算风险费，即

风险费=（综合单价人工费+综合单价材料费+综合单价机械费+管理费+利润）×风险系数

7）计算综合单价。

清单项目综合单价=（综合单价人工费+综合单价材料费+综合单价机械费+管理费+利润）×（1+风险系数）

（2）工料机单价法。

1）计算组成清单项目的各分部分项工程的合价。

清单组价项目合价=Σ（综合单价组价项目基价×各自工程量）

2）计算管理费。

以人工费、材料费、机械费之和为计费基础，即

管理费=清单组价项目合价×管理费费率

以人工费与机械费之和为计费基础，即

管理费=Σ清单组价项目（人工费+机械费）×管理费费率

以人工费为计费基础，即

管理费=Σ清单组价项目人工费×管理费费率

3）计算利润。

以人工费、材料费、机械费之和为计费基础，即

利润=清单组价项目合价×利润率

以人工费与机械费之和为计费基础，即

利润=Σ清单组价项目（人工费+机械费）×利润率

以人工费计费基础，即

利润=Σ清单组价项目人工费×利润率

4）考虑风险因素并计算风险费，即

风险费=（清单组价项目合价+管理费+利润）×风险系数

5）计算综合单价。即

综合单价=（清单组价项目合价+管理费+利润+风险费）/清单工程量

综合单价计算方法流程图见表2-2。

表2-2　综合单价计算方法

<table>
<tr><td rowspan="3">楼地面工程量的工料机消耗量</td><td rowspan="3">×</td><td>人工单价</td></tr>
<tr><td>材料单价</td></tr>
<tr><td>机械台班单价</td></tr>
<tr><td colspan="3">=计价工程量人工费、材料费、机械费之和</td></tr>
<tr><td colspan="3">计价工程量人工费、材料费、机械费之和×（1+管理费费率+利润率）</td></tr>
<tr><td colspan="3">综合单价=计价工程量清单项目费/清单工程量</td></tr>
</table>

2.3.2　综合单价的编制方法

（1）计价定额法。计价定额法是以计价定额为主要依据计算综合单价的方法。该方法是根据计价定额分部分项的人工费、机械费、管理费和利润来计算综合费，其特点是能方便地利用计价定额的各项数据。还可以根据《建设工程工程量清单计价规范》（GB 50500—2013）推荐的“工程量清单综合单价分析表”的方法计算综合单价。

（2）消耗量定额法。消耗量定额法是以企业定额、预算定额等消耗量定额为主要依据计算综合单价的方法。该方法只采用定额的工料机消耗量，不用综合任何货币量，其特点是比较适合于施工企业自主确定工料机单价，自主确定管理费、利润的综合单价确定。

（3）采用消耗量定额确定综合单价的数学模型。清单工程量乘以综合单价等于该清单工程量对应各计价工程量发生的全部人工费、材料费、机械费、管理费、利润、风险费之和。

2.3.3　其他说明

（1）消耗量定额的运用。

1）本节定额子目中的整体面层主要按照《建筑用料及做法》陕02J-01设置，设计要求整体面层的找平层和面层、块料面层的找平层和结合层，其砂浆厚度和配合比与子目标注不同时，允许换算。

2）同一贴面上有不同种类、材质的材料时，应分别按本节子目执行。

3）水磨石楼地面面层划分为不嵌条、嵌条、带艺术嵌条三个子目。

4）大理石、花岗岩楼地面拼花按成品考虑。

5）水泥砂浆面层、细石混凝土面层、块料面层和单贴块料面层子目中均包括刷素水泥浆（掺建筑胶）一道，水磨石面层子目中包括刷素水泥浆（掺建筑胶）两道。如设计要求不同时，可以调整。

6）楼梯栏杆、栏杆子目中不含扶手，扶手应执行扶手子目。

7）块料面层子目中，块料用量以平方米数量给出，实际采购价与定额中的综合价格之差作差价处理。

8）块料面层不包括踢脚线。如做踢脚线者可按有关章节的相关子目套用。

9）块料面层及单贴块料面层子目中均刷砂素水泥浆（掺建筑胶）一道，如设计要求不同时，可以调整。

10）块料面层子目也适用于上人屋面上铺设的面层，楼地面的防水层按屋面中防水子目套用。

（2）组价参考子目。采用工程量清单组价时需要参考陕西省2004消耗量定额子目，具体见表2-3。

表2-3　楼地面清单项目定额组价参考子目

序号	清单项目	项目编码	项目名称	参考定额子目
1	块料面层（020102）	020102001	石材楼地面	回填夯实素土或者灰土（1-26～1-28） 混凝土垫层（4-1、B4-1） 垫层（8-1～8-14） 卷材防水层（9-74～9-113） 波打线大理石或者花岗岩楼地面（10-36～10-39） 碎拼花岗岩楼地面（10-34） 波打线花岗岩（10-54） 青条石、花岗石楼地面（10-55） 石材地面或者表面刷养护液（10-57～10-64） 楼地面酸洗、打蜡（10-109）
2	块料楼地面（020302）	020102002	块料楼地面	回填夯实素土或者灰土（1-26～1-28） 混凝土垫层（4-1、B4-1） 楼地面酸洗、打蜡（10-109） 垫层（8-1～8-14） 卷材防水层（9-74～9-113） 陶瓷锦砖楼地面（10-93、10-94） 陶瓷地砖楼地面（10-68～10-70） 块料面层酸洗树脂涂料（10-111）
3	踢脚线（020105）	020105001	水泥砂浆踢脚线	水泥砂浆踢脚线（10-5）
		020105002	石材踢脚线	直线型大理石踢脚线（10-25～10-26） 直线型花岗岩踢脚线（10-43～10-46） 石材地面刷养护液光面石材（10-64） 石材地面刷养护液（10-57～10-64）

续表

序号	清单项目	项目编码	项目名称	参考定额子目
4	楼梯装饰（020106）	02010601	石材楼梯面层	花岗岩楼梯（10-40～10-42） 楼梯台阶踏步防滑条（10-103～10-108） 楼梯台阶酸洗打蜡（10-110） 块料楼梯面层酸洗树脂涂料（10-112）
5	扶手、栏杆、栏板装饰（020107）	02010602	金属扶手带栏杆、栏板	栏杆、栏板（10-14～10-198） 扶手、弯头（10-205～10-207） 钢管扶手（10-211～10-214） 不锈钢扶手及钢管、铜管弯头（10-218～10-221）
		020107004	金属靠墙扶手	铝合金靠墙扶手（10-224） 钢管靠墙扶手（10-225） 不锈钢管靠墙扶手（10-228）
6	台阶装饰（020108）	020108003	水泥砂浆台阶面	水泥砂浆台阶（10-2） 台阶踏步防滑条（10-103～10-108）
注：若砂浆需要进行换算时，套用十六章相应子目。				

2.4　实训成果

（1）根据本节课所涉及的工程项目，填写天棚工程分部分项工程量清单综合单价分析表（表2-4）及综合单价的计算过程（表2-5）。

表2-4　分部分项工程量清单综合单价分析表

项目编码	项目名称	工程内容	单位	综合单价组成（单位：元）						综合单价
				人工费	材料费	机械费	风险费	管理费	利润	
		合计								
		合计								
		合计								

表2-5　综合单价的计算过程

（2）根据本节课的计算结果，填写天棚工程工程量清单计价表（表2-6）。

表2-6　天棚工程工程量清单计价表

序号	项目编码	项目名称	计量单位	工程数量	金额/元	
					综合单价	合价
1						
2						
3						
4						
5						
6						
7						
8						
9						
10						
11						
12						
13						
本页小计						
合计						

项目3　墙柱面工程清单工程量计算

3.1　实训技能要求

（1）能够了解墙、柱面的工程内容。

（2）按照《陕西省建设工程工程量清单计价规则（2009）》的规定，设置墙、柱面工程量清单项目，对其项目编码。

（3）能够充分描述墙、柱面的项目特征。

（4）能够熟练掌握墙、柱面的计算规则。

3.2　实训内容

3.2.1　工程内容

通过分析附图建施07（侧立面图、1-1剖面图），以及室内装修做法表可知，本工程的墙面装修共有四种。

外墙面1：饰面面砖外墙面。

外墙面2：涂料外墙面。

内墙面1：水泥石灰浆墙面。

内墙面2：面砖防水墙面。

其中，外墙面1属于“墙面镶贴块料”下的块料墙面，外墙面2属于“墙面抹灰”下的墙面一般抹灰，内墙面1属于“墙面抹灰”下的墙面一般抹灰，内墙面2属于“墙面镶贴块料”下的块料墙面。

墙面一般抹灰的工程内容包括：基层清理，砂浆制作、运输，底层抹灰，抹面层，抹装饰面，勾分隔缝。

块料墙面的工程内容包括：基层清理，砂浆制作、运输，底层抹灰，结合层铺贴，面层铺贴，面层挂贴，面层干挂，嵌缝，刷防护材料，磨光、酸洗、打蜡。

水泥砂浆楼面的工程内容包括：基层清理，垫层铺设，抹找平层，防水层铺设，抹面层，材料运输，砂浆配合比，装饰面材料种类，分隔缝。

3.2.2 项目特征

墙面一般抹灰在进行项目特征描述时，应包括：

（1）墙体类型；

（2）底层厚度，砂浆配合比；

（3）面层厚度，砂浆配合比；

（4）装饰面材料；

（5）分隔缝宽度，材料种类。

块料墙面在进行项目特征描述时，应包括：

（1）墙体类型；

（2）底层厚度，砂浆配合比；

（3）粘结层厚度、材料种类；

（4）挂贴方式；

（5）干挂方式（膨胀螺栓、钢龙骨）；

（6）面层材料品种、规格、品牌、颜色；

（7）缝宽、嵌缝材料种类；

（8）防护材料种类；

（9）磨光、酸洗、打蜡要求。

3.2.3 工程量计算规则

墙面一般抹灰工程量计算规则为按设计图示尺寸以面积计算。其中：

扣除面积：墙裙、门窗洞口及单个0.3 m^2以外的孔洞面积；

不扣除面积：挂镜线和墙与构件交接处的面积；

不增加面积：门窗洞口和孔洞的侧壁及顶面不增加面积；

增加面积：附墙柱、梁、垛、烟囱侧壁并入相应的墙面面积内。

（1）外墙抹灰面积按外墙垂直投影面面积计算；

（2）外墙裙抹灰面积按其长度乘以高度计算；

（3）内墙抹灰面积按主墙间的净长乘以高度计算；

（4）无墙裙的，高度按室内楼地面至天棚底面计算；

（5）有墙裙的，高度按墙裙顶至天棚底面计算；

（6）内墙裙抹灰面积按内墙净长乘以高度计算。

块料墙面工程的工程量计算规则为按设计图示尺寸以镶贴面积计算。

3.2.4 其他说明

（1）有关项目的说明。

1）一般抹灰包括石灰砂浆、水泥混合砂浆、水泥砂浆、聚合物水泥砂浆、膨胀珍珠岩水泥砂浆和麻刀灰、纸筋石灰、石膏灰等。

2）装饰抹灰包括水刷石、水磨石、斩假石、干粘石、假面砖、拉条灰、拉毛灰、扒拉石、喷毛灰、喷涂、喷砂、滚涂、弹涂。

3）柱面抹灰项目、石材柱面项目、块料项目适用于矩形柱、异形柱（包括圆形柱、半圆形柱等）。

4）零星抹灰和零星镶贴块料项目适用于小面积（0.5 m^2以内）少量分散的抹灰和块料面层。

5）设置在隔断、幕墙上的门窗，可包括在隔墙、幕墙项目报价内，也可以单独编码列项，并在清单项目中进行描述。

6）主墙是指结构厚度在120 mm以上（不含120 mm）的各类墙体。

（2）有关工程量计算规则说明。

1）墙面抹灰不扣除与构件交接处的面积，是指墙面与梁的交接处所占面积，不包括墙与楼板的交接。

2）外墙裙抹灰面积，按其长度乘以高度计算，此处高度是指外墙裙的长度。

3）柱的一般抹灰和装饰抹灰及勾缝，以柱断面周长乘以高度计算，柱断面周长是指结构断面周长。

4）装饰板柱（梁）面按设计图示外围饰面尺寸乘以高度（长度）以面积计算，外围饰面尺寸是指饰面的表面尺寸。

5）带肋全玻璃幕墙是指玻璃幕墙带玻璃肋，玻璃肋的工程量应合并在玻璃幕墙工程量内计算。

（3）有关工程内容的说明。

1）抹面层是指一般抹灰的普通抹灰（一层底层、一层中层和一层面层）、高级抹灰（一层底层、数层中层和一层面层）的面层。

2）抹面饰面是指装饰抹灰（抹底灰、涂刷108胶溶液、刮或刷水泥浆、抹中层、抹装饰面层）的面层。

3.3 知识链接

3.3.1 项目特征说明

（1）墙体类型是指砖墙、石墙、混凝土墙、砌块墙以及内墙、外墙等。

（2）底层、面层的厚度应根据设计规定（一般采用标准设计图）确定。

（3）勾缝类型是指清水砖墙、砖柱的加浆勾缝（平缝或凹缝）和石墙、石柱的勾缝。

（4）块料饰面板是指石材饰面板（天然花岗石，大理石，人造花岗石、人造大理石，预制水磨石饰面板等）、陶瓷面砖（内墙面彩釉面瓷砖、外墙面砖、陶瓷马赛克、大型陶瓷饰面板等）、玻璃面砖、金属饰面板（彩色涂色钢板、彩色不锈钢钢板、镜面不锈钢饰面板、铝合金板、复合铝板、铝塑板等）、塑料饰面板（聚氯乙烯塑料饰面板、玻璃钢饰面板、塑料贴面饰面板、聚酯装饰板、复塑中密度纤维板）、木质饰面板（胶合板、硬质纤维板、细木工板、刨花板、建筑面草板、水泥木屑板、灰板条等）。

（5）挂贴方式是对大规格的石材（大理石、花岗岩、青石等）以先挂后灌浆的方式固定于墙、柱面。

（6）干挂方式有直接干挂法和时间接干柱法。直接干挂法，即通过不锈钢膨胀螺栓、不锈钢挂件、不锈钢连接件、不锈钢钢针等，将外墙饰面板连接在外墙墙面。间接干挂法，即通过固定在墙柱、梁上的龙骨，再通过各种挂件固定外墙饰面板。

（7）嵌缝材料是指嵌缝砂浆、嵌缝油膏、密封胶材料等。

（8）防护材料是指石材等的防碱背涂处理剂和面层防酸涂剂等。

（9）基层材料是指面层内底板材料，如幕墙裙、木护隔墙等，应在龙骨粘贴或铺钉一层加强面层的底板。

3.3.2 常见材料的种类及施工方法说明

按墙柱面装饰所用材料的不同，大致可以将墙柱面装饰划分为墙柱面抹灰、墙柱面镶贴块料、墙柱饰面、隔断、幕墙等。

（1）墙柱面抹灰。抹灰是用砂浆涂抹在建筑物墙、柱表面上的一种装饰技术，应用普遍，分为一般抹灰和装饰抹灰两类。

1）一般抹灰。

① 材料简介。一般抹灰所使用的材料有石灰砂浆、水泥砂浆、混合砂浆、聚合物水泥砂浆和膨胀珍珠岩水泥砂浆等。

a．水泥：水泥是水硬性无机胶凝材料，抹灰工程中使用的水泥主要为普通硅酸盐水泥、矿渣硅酸盐水泥、火山灰质硅酸盐水泥和粉煤灰硅酸盐水泥等。

b．石灰：块状生石灰使用前必须熟化成石灰膏。熟化时间不得少于两周，保证石灰中的过火石灰彻底熟化，颗粒粒径应小于3 mm。冻结或风化的石灰膏不准用在工程上。罩面用的石灰膏应洁白、细腻。

c．石膏：建筑石膏是生石膏经低温煅烧而成，根据细度、凝结时间、抗压强度和抗折强度分成三个质量等级。用于抹灰的石膏使用前磨成细粉，质量要符合设计要求。

d．砂：抹灰工程中常用的为普通砂的中砂、中砂与粗砂的混合砂。要求砂子颗粒坚硬、洁净，黏土、泥灰、云母及各种有机物等有害物质杂质总含量不得超过3%，使用前必须过筛。

e．膨胀珍珠岩：膨胀珍珠岩是一种酸性的岩石，经破碎、筛分、烘干、高温（1 200 ℃～1 300 ℃）煅烧产生大体积膨胀而形成的一种白色的颗粒状材料。膨胀珍珠岩的结构松散，表观密度小，具有较好的绝热、吸声、无毒、无异味的特性，是一种较理想的保温、绝热并可用于吸声墙面的抹灰材料。

f．膨胀蛭石：蛭石是一种呈酸性的岩石，经人工破碎、筛选、高温（850 ℃～1 000 ℃）煅烧产生大体积的膨胀而形成的颗粒状材料。膨胀蛭石的结构松散，表观密度较轻，导热系数很小，并且具有较高的耐火、防腐性能，是一种较理想的无机保温、绝热、吸声材料。用膨胀蛭石配制出的膨胀蛭石砂浆，是建筑物天棚、内墙抹灰的一种较为理想的抹灰材料。

g．纤维材料：抹灰工程中所用的纤维材料主要有麻刀、纸筋和草秸等，掺配在灰浆中主要起拉结和骨架的作用，拌和出来的灰浆粘结力好，涂抹后不会产生裂缝和大面积剥落，并可使灰层的抗拉强度高、耐久性好。

h．颜料：在灰浆中加入适量的颜料是为了增强装饰抹灰的艺术效果。掺入的矿物颜料必须是耐碱、耐光的。常用的矿物颜料有钛白粉、铬绿、氧化铁红等。

i．化工材料：灰浆中加入适量的有机化工材料的目的在于改善灰浆的性质，提高抹灰层的质量。抹灰工程中常用的化工材料有：聚醋酸乙烯乳液、聚乙烯醇缩甲醛（108胶）、木质素、磺酸钙等。

为使抹灰层与墙体粘结牢固，防止裂缝、空鼓，并使平面平整，抹灰一般分为三层，即底层、中层和面层。

按质量要求和建筑物使用标准划分，一般抹灰分为普通抹灰和高级抹灰。普通抹灰层的工序要求是一层底层、一层中层和一层面层（有时候会省去中层），要求设置标筋，分层抹平，表面洁净，颜色均匀一致，线角平直，清晰、美观、无接纹；高级抹灰为一层底层、多层中层、多层面层，多遍成活，要设置标筋，阳角找方正，分层赶平、修整，表面压光，层面外观要求表面平整、光滑洁净、颜色均匀、无抹纹、灰线平直方正、清晰美观。

② 施工方法。一般抹灰的施工流程基本为清理基层、找规矩、粘分格条、进行抹灰养护等。

2）装饰抹灰。装饰抹灰除具有一般抹灰的功能外，还由于使用材料和施工方法不同而产生各种形式的装饰效果。常见的材料种类有：

① 水刷石、干粘石。水刷石是指将水泥石碴浆罩面中尚未干硬的水泥用水冲刷掉，使各色石碴外露，形成具有“绒面感”的表面。这种饰面耐久性强，具有良好的装饰效果，造价低廉，应用广泛。

常见的水刷石施工方法为将基层处理干净，然后抹找平层砂浆：先刷一遍掺108胶的素水泥浆，再抹一层混合砂浆，待干至七成时，拉线、找方、挂线、贴灰饼，再用1∶3的水泥砂浆刮平、搓平。找平层砂浆七成干后，抹108胶素水泥浆一遍，随后抹1∶2水泥石子浆，厚约12 mm。待水泥半凝固时，用喷雾器或者手压，喷刷、冲洗，形成装饰效果。

水刷石由于湿作业量比较大，工效低，且会造成一定的原材料浪费，所以当干粘石施工出现后，有逐步被其取代的趋势。

干粘石与水刷石装饰效果相似，但在同等装饰效果下，干粘石的工效比水刷石高30%，材料节约10%以上。其施工方法为抹好找平层之后，抹粘结层（厚度4～6 mm，砂浆稠度≤8 cm），等粘结层干湿适宜时贴石碴。石碴的粒径比水刷石小些，粘贴是采用“甩”的手法，用力适宜，使其均匀密布。

② 斩假石。斩假石是指用水泥、天然石屑、颜料和水拌成的水泥石屑浆，涂抹在已抹底灰的墙柱面上，洒水养护2～3天后，用剁斧在表面剁出表面深浅均匀一致、棱角整齐美观的剁纹，形成类似于粗面花岗石的仿石墙面。

③ 甩毛粉刷。甩毛粉刷是利用茅草杆、高粱穗、竹条绑成20 cm左右长的小扫帚，蘸着罩面砂浆往中层砂浆面甩成有规律的毛面。甩毛粉刷在操作时应注意：分层抹灰砂浆，抹平面层要比较粗；待中层灰浆达到五六成干时，刷一遍素水泥浆；用小扫帚罩面砂浆，往底层灰上甩，要求甩得均匀；罩面的砂浆拌得稠度大些，粘在小扫帚上甩在墙上不流

淌；甩毛后还必须用铁板压平。

④ 拉毛粉刷。拉毛粉刷是利用拉毛工具将砂浆拉起波纹、斑点、毛头后，做成装饰面层。常见的做法是将基层处理干净，涂抹找平层，再用木抹子搓毛，等找平层六七成干时，洒水湿润墙面，然后罩面拉毛。常见的拉毛方式有纸筋石灰拉毛、混合砂浆拉毛、条筋型拉毛等，可做出不同的毛头、毛疙瘩、树皮状的效果。

（2）墙、柱面镶贴块料。

1）材料简介。墙、柱面镶贴块料面层的种类与楼地面相似，如大理石、花岗石、陶瓷面砖等。

2）施工方法。墙、柱面镶贴块料面层一般有三种施工方法：粘贴法、镶贴法和干挂法。

① 粘贴法。当块料厚度小于1 cm，边长小于40 cm时，一般采用粘贴法施工。其施工工序如下：

a．处理基层：检查基层的强度、稳定性、垂直度和平整情况，偏度大的部位应凿掉或填补，光滑部位要凿毛，油污部位要清洗干净。

b．抄平放线：在基层处理合格的基础上，弹上室内地坪0.5 cm的水平线，以门窗洞口中心线、柱子中心线为基准，弹出不同规格板材的分格线。

c．选材试排：选取观感合格的板材进行测量、检查和适当修补，达到完全合格后进行试排，调整颜色花纹，定位编号，清理板材背面，按次序将其堆放，以便粘贴。

d．粘贴材料：用贴灰饼标出墙面的控制点，按放线弹出的最下一层块材的下口标高，垫好固定直尺，并用贴水平尺检查无误后，才可在直尺上开始粘贴第一排块料。一般是按编号在块料背面抹上3～5 mm的混合砂浆，由下往上粘贴在找平层上，最下一层要紧靠直尺上皮，贴上后用橡皮锤轻轻砸实，以使砂浆挤满，与弹出的上口水平线相齐为准，边粘贴边检查质量。若石材采用盲缝粘贴，需要在石缝间嵌入0.5 mm的塑料，或者在石板的棱边部位夹入少量的纱绳，防止棱边碰损。

e．清理嵌缝：全部块料粘贴完，要进行严格检查，接缝严密、顺直、无空鼓，符合设计要求。然后，用清水将墙面擦洗干净，再用棉纱擦干。根据板材的颜色，用白水泥与颜料调成近似其本色的水泥砂浆进行嵌缝，同时擦净余浆。石料粘贴时，如果表面光泽度受到影响，要重新打蜡上光，并采取保护棱角措施，防止暴晒，加强养护。

② 镶贴法。当板材的边长大于40 cm，一般采用镶贴法施工。其工序如下：

a．处理基层：抄平放线。

b．绑扎钢筋网：按设计要求。在墙或柱的基层表面绑扎钢筋网，纵向和横向均为Φ6钢筋，纵向钢筋的间距一般为30～50 cm，水平钢筋应与板的行数一致，便于板材的绑扎。

基层上的锚固钢筋一般采用预埋钢筋，亦可在墙或柱上钻孔，再埋入钢筋的铁脚，但孔洞的深度不应小于7 cm，保证钢筋网与结构绑扎牢固。

c．石板打孔：将选好的板材按设计要求用钻打孔，每块板的上、下边均不得少于两个孔，并穿上铜丝或者镀锌钢丝。

d．绑扎灌浆：按试排的编号位置，从底层的中间或一端开始，将已打孔穿铜丝的板材绑扎在钢筋网上，用木楔调整接缝宽度，用麻丝、纸筋或石膏临时固定。较大的板材以及门窗贴脸饰面板应另加支撑，并用靠尺、水平尺及时检查板面是否垂直，随时加以调整。待石膏凝固后，可用1∶2的水泥砂浆分层灌注，捣鼓密实，不要碰动板材，防止移位。每次灌注高度为15～20 cm，等初凝后再继续灌注，直到离板材上口5～10 cm为止，继续绑扎上层板材，以此类推，镶贴全部面层。

e．清理保护。

③ 干挂法。干挂法适用于大型板材。其主要方法是用预埋件或者膨胀螺栓将不锈钢角钢与墙、柱表面连接牢固。

（3）墙柱饰面。

1）材料简介。墙柱饰面的材料主要包括基层龙骨材料和面层材料两大类。

① 基层龙骨材料。

a．木龙骨：木龙骨以方木为支撑骨架，由上槛、下槛、立柱和斜撑组成。纵向龙骨的间距有不同的尺寸，横向龙骨的间距则均为50 cm。

b．轻钢龙骨：隔墙轻钢龙骨是采用镀锌薄钢板、黑铁皮钢带或薄壁冷轧退火卷为原料，经冷弯或冲压而成的轻隔墙骨架支撑材料。其主要特点为自重轻、可装配化施工，隔断占地面积小，抗震性能良好、刚度大、安全可靠。

c．铝合金龙骨：铝合金龙骨由纯铝加入锰、镁等元素合金而成，具有质轻、耐腐蚀、耐磨、韧度大等特点。经氧化着色表面处理，可得到银白色、金色、青铜色和古铜色等颜色，色泽美观、经久耐用。

② 面层材料。

a．细木工板：利用木材加工过程中所产生的边角废料，经整形、刨光、施胶、拼接、贴面而制成的一种人造板材，可以提高木材的利用率，构造均匀，幅面较大。

b．胶合板：由蒸煮软化而成的原木，旋切成大张薄片，然后将各张木薄片沿纤维方向相互垂直交错，用各种植物胶或耐水性好的酚醛脲醛等合成树脂胶粘结，再经加压、干燥、锯边、表面装修制作而成。其特点是可合理利用、充分节约木材，收缩率小，没有木节和裂纹等缺陷，产品规格化，便于使用。

c．铝合金装饰板：选用纯铝、铝合金等原料，经冷加工碾压制成各种波形的金属板材，其具有质量轻、易加工、强度高、刚度好、经久耐用、防火、防潮、耐腐蚀、便于安装、施工快速等特点。

d．装饰石膏板：以建筑石膏为主要原料，掺入少量短玻璃纤维增强材料和聚乙烯醇添加剂，与水一起搅拌成均匀的料浆，并用带有图案的硬质塑料模具浇筑成型、干燥而成。其优点是质量轻、强度高、变形小，可以调节室内相对湿度，施工方便，易加工；其缺点是吸湿性强、耐水性差，所以不适用于浴室、卫生间等较潮湿的空间。

（4）幕墙。幕墙是由一种墙面板材与金属构件组成的，悬挂在建筑物主体结构上的非承重连续外护墙体，由主龙骨与建筑主体结构连接，通过连接由主体结构承受幕墙自重及风压等荷载。主龙骨间安装次龙骨，次龙骨嵌装饰墙板材。按所用材料不同，幕墙可以分为玻璃幕墙、铝塑板幕墙、石材板幕墙三种。

3.4 实训成果

（1）通过本节课的学习，试回答表3-1中所列的问题，并将答案填写在对应的表格内。

表3-1 问题及解答

序号	任务及问题	解答
1	外墙裙和外墙面抹灰工程量计算规则的区别是什么？	
2	墙面刮腻子一般要刮几遍？乳胶漆一般要刷几遍？	
3	内墙面抹灰清单工程量计算规则是什么？	
4	柱面饰面板装饰清单的计算规则是什么？	
5	如何计算隔断？	
6	零星抹灰和零星镶贴块料面层适用于什么范围？	

（2）根据本节课所涉及的工程项目，填写工程量清单表（表3-2）。

表3-2 工程量清单表

序号	项目编码	项目名称	项目特征	计量单位	工程量
1					
计算过程					
2					
计算过程					
3					
计算过程					
4					
计算过程					
5					
计算过程					

项目4　墙柱面工程清单工程量计价

4.1　实训技能要求

（1）能够正确区分墙柱面抹灰、墙柱面镶贴块料。

（2）能够正确列取墙柱面工程名称，描述清楚项目特征。

（3）能够正确分析墙柱面工程综合单价的计算过程。

（4）能够编制墙柱面分部分项工程量清单的综合单价分析表。

4.2　实训内容

通过本节课的学习，试回答表4-1中所列的问题，并将答案填写在对应的表格内。

表4-1　问题及解答

序号	任务及问题	解答
1	墙面贴块料面层的计价规则是什么？	
2	外墙饰面砖中材料单价是多少？	
3	水泥石灰浆内墙面的工作内容是什么？	
4	内墙面和外墙面的清单计价规则有什么区别？	
5	宿舍卫生间内墙面如何进行列项？应该套多少定额子目？	
6	面砖防水内墙面与水泥石灰浆墙面的工作内容区别是什么？	

4.3 知识链接

4.3.1 预算定额的应用

（1）定额套用提示。定额套用包括直接使用定额项目中的基价、人工费、机械费、材料费、各种材料用量及各种机械台班使用量。当施工图设计内容与预算定额的项目内容一致时，可直接套用预算定额，此时应注意以下几点：

1）根据施工图、设计说明、标准图做法说明，选择预算定额项目。

2）应从工程内容、技术特征和施工方法上仔细核对，才能比较准确地确定与施工图相对应的预算定额项目。

3）施工图所列出的分项工程名称、内容和计量单位要与预算定额一致。

（2）定额换算提示。编制综合单价分析时，当施工图中出现的分项工程不能直接套用预算定额时，就产生了定额换算问题。为了保持原定额水平不变，预算定额说明中规定了有关换算原则，一般包括：

1）若施工图设计的分项工程项目中的砂浆、混凝土强度等级与预算定额对应项目不同时，允许按定额附录的砂浆、混凝土配合比表的用量进行换算，但配合比表中规定的各种材料用量不得调整。

2）预算定额中的抹灰项目应考虑常规厚度、各层砂浆的厚度，一般不做调整，如果设计有特殊要求时，预算定额中的各种消耗量可按比例调整。是否需要换算，怎样换算，都必须按预算定额的规定执行。

4.3.2 其他说明

（1）消耗量定额的运用。

1）定额子目中的普通抹灰和装饰抹灰主要按照《建筑用料及做法》（陕02J-01）设置。设计要求不同时，砂浆配合比，人工、机械不变。厚度不同的按每增减1 mm子目调整。1 mm厚子目配合比不同时，按原子目配合比执行。

2）定额子目中的饰面材料与材料的品种、规格和设计不同时，可按设计的规定调整，但人工、机械不变。

3）水刷石、斩假石子目中的水泥砂浆可按设计要求的水泥品种、砂浆品种以及加色、不加色选用。

4）块料面定额按有基层、无基层两种做法编制。

5）贴面砖子目，按有缝、无缝两种情况考虑。有缝的缝宽按5～10 mm综合考虑，在此范围的块料数量不予调整；如要求缝宽大于10 mm时，块料用量可以调整，但人工、机械不变；要求缝宽小于5 mm时，按无缝子目计算。

6）零星项目是指各种壁柜、碗柜、书柜、过人洞、池水槽、花台、挑檐、天沟、雨篷的周边。展开超过300 mm的腰线、窗台板、门窗套、压顶、扶手、立面高度小于500 mm的遮阳板、栏板以及单件面积在1 m^{2}以内的项目。

7）墙柱面装饰中面层均包括防火涂料，如有设计要求时，按定额子目执行。

8）乳胶油漆腻子、找平层抹灰面积的计算同内墙面抹灰计算规则。

9）墙面镶贴块料面层按规定面积计算。

（2）清单组价参考子目。采用工程量清单组价时需要参考陕西省2004消耗量定额子目，具体见表4-2。

表4-2　墙、柱面清单项目定额组价参考字目

序号	清单项目	项目编码	项目名称	参考定额子目
1	墙面抹灰（020201）	020201001	墙面一般抹灰	水泥石灰砂浆抹灰（10-262～10-266、B10-15）
		020201002	墙面装饰抹灰	水刷白石子浆（10-302～10-304） 拉条、甩毛（10-314～10-317）
		020201003	墙面勾缝	水泥砂浆勾缝（10-258～10-260） 砖墙面勾凹缝（10-271）
2	墙面镶贴块料（020204）	020302001	块料墙面	面砖（10-473～10-478）
3	隔断（020209）	020209001	隔断	隔断（10-607～10-623）

4.4　实训成果

（1）根据本节课所涉及的工程项目，填写墙柱面工程分部分项工程量清单综合单价分析表（表4-3）及综合单价的计算过程（表4-4）。

表4-3　分部分项工程量清单综合单价分析表

项目编码	项目名称	工程内容	单位	综合单价组成（单位：元）						综合单价
				人工费	材料费	机械费	风险费	管理费	利润	
		合计								
		合计								
		合计								

表4-4　综合单价的计算过程

（2）根据本节课的计算结果，填写墙柱面工程工程量清单计价表（表4-5）。

表4-5　墙柱面工程工程量清单计价表

序号	项目编码	项目名称	计量单位	工程数量	金额/元	
					综合单价	合价
1						
2						
3						
4						
5						
6						
7						
8						
9						
10						
11						
12						
13						
本页小计						
合计						

项目5　天棚工程清单项目及工程量计算

5.1　实训技能要求

（1）掌握基本识图能力，通过分析建筑设计总说明、室内装修做法表及各层平面图，能够对天棚装饰常用的材料有简单了解，并能够正确识读天棚的尺寸。

（2）掌握陕西省装饰装修天棚工程量清单项目的组成及计算规则。

（3）具备正确运用天棚的计算规则计算其工程量的能力，并能将其应用到实际工程之中。

5.2　实训内容

5.2.1　实训步骤

（1）熟悉项目图纸——专用宿舍楼工程的建筑施工图和结构施工图（参见附图）以及《陕西省建设工程工程量清单计价规则（2009）》，收集相关的实训资料。

（2）按照《陕西省建设工程工程量清单计价规则（2009）》设置天棚工程量清单项目，并对其特征进行说明。

（3）根据《陕西省建设工程工程量清单计价规则（2009）》中天棚工程量的计算规则以及施工平面图中的相关尺寸，计算天棚工程量。

（4）整理回答相关问题，并将计算结果填写在文后表格内（表5-1）。

5.2.2　工程内容

通过分析建筑设计总说明及室内装修做法表可知，本工程天棚的类型只有一种，即为白色乳胶漆天棚。通过查阅《陕西省建设工程工程量清单计价规则（2009）》可知，该天棚所属清单项目为“天棚抹灰”，其工程内容应包括：基层清理、底层抹灰、抹面层、抹装饰线条。

5.2.3 项目特征

通过查阅《陕西省建设工程工程量清单计价规则（2009）》可知，天棚抹灰项目在进行项目特征的描述时，应包括：

（1）基层类型。

（2）抹灰厚度、材料种类。

（3）装饰线条道数。

（4）砂浆配合比。

可通过查阅建筑设计总说明及室内装修做法表对天棚的项目特征进行具体描述。

5.2.4 工程量计算规则

天棚工程清单工程量按设计图示尺寸以水平投影面积计算。其中：

（1）不扣除间壁墙、垛、柱、附墙烟囱、检查口和管道所占的面积。

（2）带梁天棚、梁两侧抹灰面积并入天棚面积内。

（3）板式楼梯底面抹灰按斜面积计算，锯齿形楼梯底板抹灰按展开面积计算。

说明：

（1）天棚抹灰与天棚吊顶工程量计算规则有所不同，二者均不扣除柱垛所占的面积，但天棚吊顶应扣除独立柱所占的面积。柱垛是指与墙体相连的柱并且凸出墙体的部分。

（2）天棚吊顶应扣除与天棚相连的窗帘盒所占的面积。

（3）灯带清单工程量按设计图示尺寸以框外围面积计算，送风口、回风口清单工程量按设计图示数量计算。

5.3 知识链接

5.3.1 项目特征说明

（1）“天棚抹灰”项目的基层类型，是指混凝土现浇板、预制混凝土板、木板条等。

（2）“天棚吊顶”项目的龙骨类型，有上人型或不上人型，以及平面、跌级、锯齿形、阶梯形、吊挂式、藻井式及矩形、圆弧形、拱形等类型；龙骨中距是指相邻龙骨中线之间的距离。

（3）“天棚吊顶”项目的基层材料，是指底板或面层背后的加强材料。其面层适用于石膏板、埃特板、装饰吸声罩面板、塑料装饰罩面板、纤维水泥加压板、金属装饰板、木质饰面板和玻璃饰面板。

（4）“天棚吊顶”项目的格栅吊顶，是指由一组或多组相互平行的各种栅条和框架所组成的吊在天棚上的材料。格栅吊顶面层适用于木格栅、金属格栅、塑料格栅等。

（5）“天棚吊顶”项目的吊筒吊顶，是指用某种材料做成筒状的装饰，并将其悬吊于天棚，形成某种特定的装饰效果。吊筒吊顶适用于木（竹）质吊筒、金属吊筒、塑料吊筒以及吊筒形状为圆形、矩形、扁钟形的吊筒等。

（6）“天棚其他装饰”项目的灯带格栅有不锈钢格栅、铝合金格栅、玻璃类格栅等。

（7）“天棚其他装饰”项目的送风口、回风口适用于金属、塑料、木质风口。

5.3.2 常见材料种类及施工方法说明

天棚工程量清单项目包括天棚抹灰、天棚吊顶、天棚其他装饰3个部分。下面简单对其常见的材料种类及施工方法进行说明。

（1）天棚抹灰。

1）材料种类。天棚抹灰多为一般抹灰，常用的材料主要有石灰砂浆、水泥混合砂浆、水泥砂浆、聚合物水泥砂浆、膨胀珍珠岩水泥砂浆和麻刀灰、纸筋石灰、石膏灰等。

2）施工方法。

① 处理基层。预制混凝土楼板天棚在抹灰前应检查板缝大小。对于板缝大小不合适的应进行处理，若板缝较大，则用细石混凝土灌实；若板缝较小，则可用水泥、石灰混合砂浆勾实。若不对板缝进行处理，则抹灰后将会顺板缝产生裂纹。

② 找规矩。在天棚抹灰工程中，找规矩就是找平整度的意思。天棚抹灰一般不做标志块和标筋。可根据天棚的水平线确定抹灰的厚度，然后在墙面的四周和天棚交接处弹出水平线。具体施工时，由抹灰工人以目测的方法来控制平整度，以没有明显的高低不平和接槎的痕迹为度。

③ 底层、中层抹灰。天棚底层抹灰大多采用水泥、石灰混合砂浆，其配合比为1：0.5，而施抹厚度一般控制在2 mm左右。

中层抹灰又称找平层抹灰，混合砂浆的配合比应作较大调整，一般为水泥：石灰膏：砂=1：3：9，施抹厚度为6 mm左右。抹灰时的方向应与基底的缝隙相垂直，以便使灰浆挤入缝隙内牢固结合。施抹的顺序要由前向后退，以利于控制平整度。

④ 面层抹灰。中层抹灰达到六七成干时即可进行面层抹灰。除了面层灰为纸筋灰或麻刀灰须经两遍施抹成活外，其余抹灰方法及抹灰厚度大体与内墙抹灰相同。第一遍抹得尽量薄些，随之抹第二遍。抹第二遍时，注意抹子应稍平，抹完后要待灰面稍硬，再用塑料抹子或钢制压子顺着原来的抹纹进行压光。

（2）天棚吊顶。

1）主要材料介绍。天棚吊顶是利用楼板或屋架等结构为支撑点，吊挂各种龙骨，在龙骨上镶铺装饰面板或装饰面层，从而形成装饰天棚。

天棚吊顶主要的装饰材料分为两部分：龙骨基层和天棚面层。

① 龙骨基层。龙骨又被称为格栅，是吊顶时的骨架结构，用来支撑并固结天棚的饰面材料，常见的龙骨主要有木龙骨、轻钢龙骨、铝合金龙骨等。

a．木龙骨。木龙骨是家庭装修中最为常用的骨架材料，在吊顶、隔墙、实木地板骨架制作中应用广泛，按其断面形式分为圆木龙骨和方木龙骨，其中用的比较多的是方木龙骨。

木龙骨经常用到的材料主要有松木、椴木、杉木等，而在天棚吊顶中所使用的木龙骨一般以松木龙骨较多。

木龙骨的规格为：大龙骨50 mm×70 mm，中龙骨50 mm×50 mm，吊筋50 mm×50 mm。木龙骨的间距：主楞为1 000～2 000 mm，次楞为400～500 mm。

b．轻钢龙骨。轻钢龙骨是一种新型的建筑材料，随着我国现代化建设的发展，轻钢龙骨广泛用于宾馆、候机楼、车运站、车站、游乐场、商场、工厂、办公楼、旧建筑改造、室内装修设置、天棚等场所。轻钢龙骨是以优质的连续热镀锌板带为原材料，经冷弯工艺轧制而成的建筑用金属骨架。而轻钢（烤漆）龙骨吊顶具有质量轻、强度高、防水、防震、防尘、隔声、吸声、恒温等功效，同时还具有工期短、施工简便等优点。按用途的不同可分为吊顶龙骨和隔断龙骨，按断面形式的不同可分为V形、C形、T形、L形龙骨。

c．铝合金龙骨。铝合金龙骨是室内吊顶装饰中常用的一种材料，可以起到支架、固定和美观的作用，材质是铝合金，与之配套的是硅钙板、矿棉板和硅酸钙板等。

铝合金龙骨是在镀锌薄钢板烤漆龙骨上的改进。因为铝经过氧化处理之后不会生锈和脱色，原来的薄钢板烤漆龙骨时间长了会因为氧化而导致生锈、发黄、掉漆。

铝合金龙骨共分为三个部分，一是主龙（行业内称之为大T），二是副龙（行业内称之为小T），三是修边角（用来作为墙边收尾和固定的）。

② 天棚面层。天棚面层的装饰板材通常也可用于墙面和墙裙的装饰工程中，按材质可分为木质装饰板材、塑料装饰板材、金属装饰板材、非金属装饰吸声板材等。

a．木质装饰板材。木质装饰板是利用天然树种（如水曲柳、橡木、榉木、枫木、樱桃木等数十种）装饰单板或人造木质装饰单板通过精密刨切或旋切的加工方法制得的薄木片，装饰板作为一种表面装饰材料，不能单独使用，只能粘贴在一定厚度和具有一定强度的基材板上，才能得到合理的利用，如大芯板、多层胶合板、中密度纤维板和刨花板等。

按材质分类，木质装饰板可分为天然木质贴面和人造木质贴面。天然木质贴面的天然木质花纹，纹理图案自然，变异性比较大，无规则，无人工造作，真实感和立体感强，被人们广泛应用于室内装修中。人造木质贴面的纹理基本为通直纹理，纹理图案有规则，因其表面较耐磨、耐清洗、不怕水，其使用范围正在不断扩大。目前世界各国都十分关注环境的可持续发展，对森林资源进行保护的呼声日益高涨。采用天然木质贴面材料只是个时间问题，被人工合成、人造木质贴面和纸质贴面材料取而代之是必然的趋势。人造板材通常是由小木屑、树皮、果实或亚麻、亚麻纤维，加入树脂、胶粘剂通过热压粘合而成。常见的人造板材有胶合板、纤维板、刨花板、细木工板、木丝板、饰面防火板等，它们广泛用于天棚、隔断、踢脚线、门窗口等罩面板工程中。

b．塑料装饰板材。塑料装饰板是用于建筑装修的塑料板。原料为树脂板、表层纸与底层纸、装饰纸、覆盖纸、脱模纸等。将表层纸、装饰纸、覆盖纸、底层纸分别浸渍树脂后，经干燥后组坯，再经热压后即为贴面装饰板。

塑料贴面装饰板常用的树脂有三聚氰胺树脂、酚醛树脂、脲醛树脂、不饱和聚酯树脂、邻苯二甲酸丙烯酯树脂、鸟粪胺树脂等。我国目前主要应用三聚氰胺树脂和酚醛树脂。

表层纸是放在装饰板最上层，经浸渍树脂和热压后，具有高度透明性与坚硬性，可以起到保护装饰板表面的作用。这种纸细薄、洁白、干净，并且有较高的吸收性能。

底层纸用来做装饰板的基材，使板材具有一定厚度与强度，是制造装饰板的重要材料，占用纸量的80%以上，纸内灰分含量较低，要求有较高的吸收性能和耐湿强度。常用不加防水剂的牛皮纸作其原纸。

装饰纸在产品结构中是放在表层纸下面，主要起提供花纹图案的装饰作用和防止底层胶液渗现的覆盖作用。装饰纸要求表面平滑，有良好吸收性和适应性，有底色的要求色调均匀，彩色的要求颜色鲜艳。

覆盖纸是夹在装饰纸与底层纸之间，用以遮盖深色的底层并防止酚醛树脂胶透过装饰纸。如装饰纸有足够的遮盖性可不用覆盖纸。覆盖纸与装饰纸同样都是钛白纸。

脱模纸浸渍油酸胶配置在底层纸下面，以防止酚醛树脂胶在热压过程中粘在铝板上。可使用聚丙烯薄膜包覆铝垫板，以省去脱模纸。

塑料装饰板的生产工艺简单，加工成型方便，劳动生产率较高，创造价值较大。

c．金属装饰板材。金属装饰板材是一种以金属为表面材料复合而成的新型室内装饰材料，是以金属板、块装饰材料通过镶贴或构造连接安装等工艺与墙体表面形成的装饰层面。

金属装饰板的材质种类有铝、铜、不锈钢、铝合金等，选择铜、不锈钢材质的装饰板档次较高，价格也高，一般的居室装饰选择铝合金装饰板较合适，符合人们一般的购物心理，物美价廉。规格有长方形，方形等。由于金属板的绝热性能较差，为了获得一定的吸引，加强其绝热功能，在选择金属板进行吊顶装饰时，可以利用内加玻璃棉、岩棉等保温吸声的产品，达到绝热吸声的功能。尤其是居住在顶层的居民，装饰后可改善室内环境，明显节约空调的能源消耗费用。

d．非金属装饰吸声板材。非金属装饰吸声板材是非金属声屏障重要的组成部分，主要用于隔声。非金属声屏障分为整体式和插板式。插板式的主要材料有水泥穿孔板、珍珠岩、水泥木屑板、GRC等，整体式有珍珠岩、水泥木屑板等。整体式非金属吸声板自重大，防撞性能良好，使用年限长。插板式非金属吸声板制作安装方便，屏体色彩丰富。

2）施工方法。

① 定位放线。根据室内墙上的50 cm水平线（50线），用尺子量至天棚的设计标高，沿墙的四周弹出一道墨线，即为吊顶四周的水平线，偏差应控制在±5 mm以内。然后，按龙骨的要求间距弹出龙骨的中心线，找出吊点中心的位置。

② 安装吊杆。在安装吊杆时，应将室内吊顶以上的管道、线路、需要固定在结构上的较重的电扇、灯具安装等检查完毕。按设计规定的吊挂方法，将吊杆固定，焊接在预埋件上。若吊杆板未设预埋件则要按确定的吊点中心以射钉枪固定钢丝或吊杆。吊杆长度计算完成后，在一端套扣，螺纹的长度要留出紧固的余量，并分别配好紧固用的螺母。

③ 安装龙骨。用吊持件把主龙骨与吊杆连接，并且按对角和十字拉线，拧动吊杆螺母，按线做升降调平。

校核主龙骨的水平高度和平整度无误后，按设计要求安装次龙骨。次龙骨垂直于主龙骨，其中距应根据饰面板安装要求计算准确并经翻样确定。

安装完次龙骨后，连接其他配件和螺钉，卡紧，拧牢，使整个天棚骨架具有足够的强度和刚度。

④ 安装饰面板材。饰面板材的安装有两种方法：一种是将板材直接搁置在龙骨架上，施工简单而拆卸方便；另一种是用自攻螺钉或射钉将饰面板材固定在龙骨架上。为了满足装饰美感的需要，可采用不同手段封盖钉眼、拼缝线，如用腻子补平板面，在拼缝处钉压缝条或在四块板的交点钉特制的装饰托花等。

5.4 实训成果

（1）通过本节课的学习，试回答表5-1中所列的问题，并将答案填写在对应的表格内。

表5-1 问题及解答

序号	任务及问题	解答
1	简述天棚抹灰清单工程量计算规则。	
2	简述天棚吊顶清单工程量计算规则。	
3	白色乳胶漆天棚清单工程量应如何计算？	
4	刮腻子、刷涂料两道工序的先后顺序是怎样的？	
5	龙骨的类型有哪些？	

（2）根据本节课所涉及的工程项目，填写工程量清单表（表5-2）。

表5-2　工程量清单表

序号	项目编码	项目名称	项目特征	计量单位	工程量
1					
计算过程					
2					
计算过程					
3					
计算过程					
4					
计算过程					
5					
计算过程					

项目6　天棚工程工程量清单计价

6.1　实训技能要求

（1）掌握基本识图能力，通过分析室内装饰装修做法说明，能够准确地分析出具有几种类型的天棚，并能分析出每种天棚清单工程量中包括几种定额子目。

（2）掌握天棚工程综合单价的计算方法，并能正确地进行综合单价的分析。

（3）具备编制天棚分部分项工程量清单综合单价分析表的能力。

6.2　实训内容

6.2.1　实训步骤

（1）对给定的天棚工程工程量清单项目的项目特征进行分析，找出该清单项目下所包含的定额子目。

（2）通过查阅《陕西省建筑装饰工程消耗量定额（2004）》《陕西省建筑装饰市政园林绿化工程价目表建筑装饰册（2009）》以及《陕西省建设工程工程量清单计价费率（2009）》，计算各定额子目的人工费、材料费、机械费、管理费、利润和风险费。

（3）根据步骤（2）的计算结果，计算出天棚工程量的综合单价。

（4）根据给定的陕建发〔2015〕319号文件《关于调整房屋建筑和市政基础设施工程工程量清单计价综合人工单价的通知》，计算人工差价。

（5）根据计算出的天棚工程量的清单工程量和综合单价以及人工差价，计算天棚工程量的分部分项工程费用。

6.2.2　天棚工程工程量清单项目分析

在对天棚工程工程量清单项目进行分析时，需要对项目图纸中的建筑设计总说明及室内装修做法表与《陕西省建筑装饰工程消耗量定额（2004）》进行对比分析，如果所选择的定额子目和本工程中所给定的天棚设计要求、材料种类、施工做法、技术特征等完全一致时，则可直接套用定额进行人工费、材料费、机械费的计算；如果本工程中的天棚按设计要求的技术特征和施工做法与定额中的某些子目不一致，但是接近时，并且按定额规定允许进行换算的分项工程，可以按相近的分项工程定额进行调整和换算。

6.3 知识链接

6.3.1 定额说明

（1）天棚抹灰子目主要按照《建筑用料及做法》（陕02J-01）图集进行设置。设计要求砂浆配合比和厚度不同时可以调整，但人工、机械不变。

（2）天棚工程中龙骨的种类、间距、规格及基层、面层材料的型号、规格是按常用材料和做法考虑的，如设计要求不同时，材料可以调整，但人工、机械不变。

（3）天棚工程中除部分项目为龙骨、基层、面层合并列项编制外，其余均为龙骨、基层、面层分别列项编制。

（4）天棚面层在同一标高者为平面天棚，不在同一标高者为跌级天棚。跌级天棚的面层人工乘以系数1.1。

（5）轻钢龙骨、铝合金龙骨子目均为双层结构（即中、小龙骨紧贴大龙骨底面吊挂），如为单层结构时（大、中龙骨底面在同一水平上），人工乘以系数0.85。

（6）天棚工程中平面天棚和跌级天棚指一般直线天棚，不包括灯光槽的制作安装。灯光槽的制作安装应按天棚工程中的相应子目执行。艺术造型天棚项目中包括灯光槽的制作安装。

（7）天棚检查孔的工料已包括在定额项目内，不另外计算。

（8）天棚工程中的网架均为非结构受力性装饰网架。

（9）天棚装饰定额分为天棚龙骨、天棚基层、天棚面层、天棚灯槽等部分。

天棚龙骨定额根据其材料的不同分为对剖圆木楞、方木楞、轻钢龙骨、铝合金龙骨等项目；天棚基层定额按材料的不同分为胶合板基层和石膏板基层；天棚面层按材料的不同分为板条、漏风条、胶合板等共计71个子目；天棚灯槽分为悬挑式和附加式。

6.3.2 工作内容说明

（1）各种砂浆包括清理、修补基层表面，堵眼、调运砂浆、清扫落地灰；分层抹灰找平、罩面及压光，包括小圆角抹光。

（2）天棚龙骨包括定位、弹线、选料、下料、制作安装。

（3）方木楞包括制作、安装木楞（包括检查孔），搁在砖墙的楞头。

（4）轻钢龙骨包括吊件加工、安装；定位、弹线、射钉；选料下料、定位杆控制高度、平整、安装龙骨及吊配附件、孔洞预留等；临时加固、调整、校正；灯箱风口封边，龙骨设置；预留位置、整体调整。

（5）铝合金龙骨包括定位、弹线、射钉、膨胀螺栓及吊筋安装；选料、下料组装；安装龙骨及吊配附件、临时固定支撑；预留孔洞、安封边龙骨；调整、校正。

（6）玻璃采光天棚包括制作安装骨架、安装天棚面层。

（7）木格栅天棚包括定位、放线、下料、制作、安装等。

（8）网架及其他天棚包括网架安装、安装天棚面层。

（9）天棚设置保温吸声层包括玻璃棉装袋、铺设保温吸声材料、固定。

（10）送（回）风口安装包括对口、号眼、安装木框条、过滤网及风口校正。

（11）嵌缝包括贴绷带、刮嵌缝膏。

6.3.3 清单项目组价与计价

在进行工程量清单组价时，可参考陕西省2004消耗量定额子目，具体见下表6-1。

表6-1 天棚清单项目定额参考子目

序号	清单项目	项目编码	项目名称	参考定额子目
1	天棚抹灰（020301）	020301001	天棚抹灰	水泥砂浆天棚抹灰（10-653～10-667） 石灰砂浆装饰线（10-243） 水泥砂浆装饰线（10-257） 水泥石灰砂浆装饰线（10-273）
2	天棚吊顶（020302）	020302001	天棚吊顶	平面、跌级天棚（10-668～10-667） 艺术造型天棚（10-819～10-886） 其他天棚（10-887、10-888）
3		020302002	格栅吊顶	铝合金格栅天棚（10-889～10-905） 木格栅天棚（10-919～10-926）
4	天棚其他装饰（020303）	020303001	灯带	天棚灯槽（10-815～10-818）
5		020303002	送风口、回风口	送（回）风口安装（10-944～10-947）

6.4 实训成果

（1）通过本节课的学习，试回答表6-2所列的问题，并将答案填写在对应的表格内。

表6-2 问题及解答

序号	任务及问题	解答
1	综合单价包括的费用有哪些？	
2	《陕西省建筑装饰工程价目表（2009）》中价目表的人工工日单价是多少？	
3	《陕西省建筑装饰工程价目表（2009）》中材料单价的基期价格取定标准是多少？	
4	简要说明天棚的主要施工工艺。	
5	本工程在计算天棚综合单价时，能否直接套用定额？为什么？	

（2）根据本节课所涉及的工程项目，填写天棚工程中的分部分项工程量清单综合单价分析表（表6-3）及综合单价的计算过程（表6-4）。

表6-3 分部分项工程量清单综合单价分析表

项目编码	项目名称	工程内容	单位	综合单价组成（单位：元）						综合单价
				人工费	材料费	机械费	风险费	管理费	利润	
		合计								
		合计								
		合计								

表6-4 综合单价的计算过程

（3）根据本节课的计算结果，填写天棚工程工程量清单计价表（表6-5）。

表6-5 工程量清单计价表

序号	项目编码	项目名称	计量单位	工程数量	金额/元	
					综合单价	合价
1						
2						
3						
4						
5						
6						
7						
8						
9						
10						
11						
12						
13						
本页小计						
合计						

项目7　门窗工程清单项目及工程量计算

7.1　实训技能要求

（1）掌握基本的识图能力，通过分析建筑设计总说明，能够对门窗的形式有个简单的了解，能够从各层平面图中正确地识读各门窗的位置及数量，能够从立面图中正确地识读各门窗的尺寸，能够正确地识读门窗表，并将门窗表中的数据与图纸对应起来。

（2）掌握陕西省装饰装修门窗工程量清单项目的组成以及计算规则。

（3）具备正确运用门窗工程量计算规则计算其工程量的能力，并能将其应用到实际工程之中。

7.2　实训内容

7.2.1　实训步骤

（1）熟悉项目图纸——专业宿舍楼工程的建筑施工图和结构施工图以及《陕西省建设工程工程量清单计价规则（2009）》，并收集相关的实训资料。

（2）按照《陕西省建设工程工程量清单计价规则（2009）》，设置门窗工程量清单项目，并对其特征进行说明。

（3）根据各层平面图和立面图，对门窗表中的门窗的数量和尺寸进行核查，如果门窗表中的数据和图纸不一致，以图纸为准。

（4）根据《陕西省建设工程工程量清单计价规则（2009）》中门窗工程量计算规则以及核查过的门窗表中的相关信息，计算门窗的工程量。

（5）整理回答相关问题，并将计算结果填写在文后表格内（表7-1）。

7.2.2　工程内容

通过分析建筑设计总说明及施工平面图和立面图可知，本工程门的类型有三类，分别为：塑钢门、中空安全玻璃门、乙级防火门；窗的类型有两类，分别为：塑钢窗和乙级防火窗。

通过查阅《陕西省建设工程工程量清单计价规则（2009）》可知：

本工程门所属清单项目分别为：塑钢门属于“门窗工程”章节下的金属门子目，其工程内容包括：门制作、运输、安装，五金、玻璃安装，刷防护涂料、油漆；中空安全玻璃门属于“门窗工程”章节下的其他门子目，其工程内容包括：门制作、运输、安装，五金安装，刷防护材料、油漆；乙级防火门属于“门窗工程”章节下的木质防火门子目，其工程内容包括：门制作、运输、安装，五金、玻璃安装，刷防护材料、油漆。

本工程窗所属清单项目分别为：塑钢窗和乙级防火窗，均属于“门窗工程”章节下的金属窗子目，其工程内容包括：窗制作、运输、安装，五金、玻璃安装，刷防护材料，油漆。

7.2.3 项目特征

通过查阅《陕西省建设工程工程量清单计价规则（2009）》可知，金属门及其他门项目在进行项目特征描述时应包括：

（1）门类型；

（2）框材质、外围尺寸；

（3）扇材质、外围尺寸；

（4）玻璃品种、厚度，五金材料、品种、规格；

（5）防护材料种类；

（6）油漆品种、刷漆遍数。

金属窗项目在进行项目特征描述时应包括：

（1）窗类型；

（2）框材质、外围尺寸；

（3）扇材质、外围尺寸；

（4）玻璃品种、厚度，五金材料、品种、规格；

（5）防护材料种类；

（6）油漆品种、刷漆遍数。

可通过查阅建筑设计总说明及门窗表对门、窗的项目特征进行具体描述。

7.2.4 工程量计算规则

门窗工程清单工程量按设计图示数量计算。

说明：

（1）门窗工程量均以“樘”计算，如遇框架结构的连续长窗也以“樘”计算，但对连续长窗的扇数和洞口尺寸应在工程量清单中进行描述。

（2）门窗套、门窗贴脸、筒子板以展开面积计算，即指按其铺钉面积计算。

（3）窗帘盒、窗台板如为弧形时，其长度以中心线计算。

7.3 知识链接

7.3.1 项目特征说明

（1）门窗类型，是指带亮子或不带亮子，带纱或不带纱，单扇、双扇或三扇，半百叶或全百叶，半玻或全玻，全玻自由门或半玻自由门，带门框或不带门框，单独门框和开启方式（平开、推拉、折叠等）。

（2）框截面尺寸（或面积），是指边立梃截面尺寸或面积。

（3）凡面层材料有品种、规格、品牌、颜色要求的，应在工程量清单中进行描述。

（4）玻璃、百叶面积占其门扇面积一半以内者，应为半玻门或半百叶门，超过一半时应为全玻门或全百叶门。

（5）木门五金应包括：折页、插销、风钩、弓背拉手、搭扣、木螺钉、弹簧折页（自动门）、管子拉手（自由门、地弹门）、地弹簧（地弹门）、角铁、门轧头（地弹门、自由门）等。

（6）木窗五金应包括：折页、插销、风钩、木螺钉、滑轮滑轨（推拉窗）等。

（7）铝合金窗五金应包括：卡锁、滑轮、铰拉、执手、拉把、拉手、风撑、角码、牛角制等。

（8）铝合金门五金应包括：地弹簧、门锁、拉手、门插、门铰、螺钉等。

（9）其他门五金应包括：L形执手插锁（双舌）、球形执手锁（单舌）、门轧头、地锁、防盗门扣、门眼（猫眼）、门碰珠、电子锁（磁卡锁）、闭门器、装饰拉手等。

（10）特殊五金应包括：拉手、门锁、窗锁等。用途是指具体使用的门或窗，应在工程量清单中进行描述。

（11）门窗套、贴脸板、筒子板和窗台板项目，应包括底层抹灰，如底层抹灰已包括在墙、柱面底层抹灰内，应在工程量清单中进行描述。

7.3.2 常见材料种类及施工方法说明

门窗工程清单项目包括木门、金属门、金属卷帘门、其他门、木窗、金属窗、门窗套、窗帘盒、窗帘轨、窗台板等九类，下面对其常见的材料种类及施工方法进行简单说明。

（1）常见门窗材料种类。

1）木门窗。木门窗应用最早且最普遍，是一种传统的门窗类型，其制作多在木材加工厂内进行。

① 镶板门。镶板门又称冒头门、框档门、是指由边梃、上冒头、中冒头、下冒头组成门扇骨架，内镶门芯板构成的门。

② 夹板门。夹板门是指门芯板用整块夹板（例如三夹板）置于门梃双面裁口内，并在门扇的双面用胶粘贴平而成的门。

③ 半玻璃门。半玻璃门一般是在门扇上部嵌入玻璃，在下部以木质板或纤维板作门芯板，并双面贴平而成的门。

④ 全玻璃门。全玻璃门是指门扇芯全部安装玻璃做成的门。全玻门的门框比一般门的门框宽、厚，且用硬杂木制作。

⑤ 拼板门。拼板门是指用宽度为100～150 mm的木板拼成芯板，在相拼接口处做成倒人字“V”形刻槽的门。

⑥ 自由门。自由门通常为平开式，因为装有弹簧铰链，门扇可以自动关闭，所以也称弹簧门。自由门分为单向开启和双向开启两种形式，其中双向弹簧门的弹簧又有双向弹簧铰链、门底弹簧（分横式和直式）、地弹簧及门顶弹簧（有油泵闭门器和弹簧闭门器）四种类型。

2）钢门窗。钢门的门框由实腹式或空腹式型钢制作而成，门芯板可以为全钢板或半截钢板半截玻璃。全钢板门常用于工业建筑，钢门半截玻璃门常用于住宅用门，如户门、阳台门等。

钢窗的框扇骨架采用轻型型钢制作。按照窗框的断面形式，又可分为实腹式和空腹式两种。钢扇坚固、耐久、变形小、防火性能好、挡光少，多用于公共建筑、工业厂房。

近年来，我国还出现了一些新型钢门窗，如彩板组角门窗，可涂成各种颜色，且角部不用焊接，而是用螺钉将专有金属插件和门窗料紧固连接，因此得名彩板组角门窗。彩板组角门窗保温性能不如断桥铝合金门窗和塑料门窗，适用于对保温要求不高的住宅、办公楼、商店、厂房等。

3）铝合金门窗。铝合金门窗的框、扇骨架均由铝合金材料制作而成，具有质轻、耐久、耐腐蚀、强度高、不易变形等特点，广泛用于住宅和公共建筑中。

普通铝合金门窗传热系数比较大，即使安装了中空玻璃仍不能达到北方地区的民用建筑节能门窗标准。近几年出现的隔热断桥铝合金门窗则较好地解决了这个问题。断桥铝合金门窗的型材中间穿入隔热条，将铝合金型材室内外两面隔开，形成断桥。断桥铝合金门窗具有较好的隔热性能，采用中空玻璃其传热系数可以达到3.0 W/（m^2·K）以下，且其质量轻、强度高、耐老化，便于大规模工业化生产，尤其适合高层建筑安装使用，是目前应用范围较广的中、高档节能保温门窗。

4）塑料门窗。塑料门窗是指以增塑聚氯乙烯树脂（PVC）为主要材料，按比例加入光稳定剂、热稳定剂、改性剂、填充剂等外掺材料，经机械混合、塑化、挤出冷却定型成异型材后，再经焊接、拼装、修整而成。为增加型材的强度，在型材的空腔里填加了钢衬（加强筋），所以又称为钢塑门窗。

塑料门窗抗风能力强，耐酸碱腐蚀，隔声效果好，具有良好的保温节能性和优异的防火性能，性价比高，应用广泛。型材可以回收重复利用，符合环保的要求。

（2）门窗安装施工方法。

1）木门窗的安装。施工现场安装木门、窗框及门扇之前，要检查、核对好型号，按设计图纸对号分发就位。门框安装前，要用对角线相等的方法，检查其兜方的程度。

木门窗的安装有两种方法：一种是立樘子；一种是塞樘子。

立樘子是指先立好门窗樘，再砌筑两边的墙。立樘之前，先在地面或砌好的墙面（顶面）划出门窗框的中心线及边线。然后，按线将门窗樘立上，校正好垂直及上、下槛的水平，最后用支撑支牢。

塞樘子是指先砌门窗樘两边的墙，在砌墙时留出门窗洞口，然后再将门窗樘塞进去。门窗洞口的尺寸一般要比门窗樘尺寸每边多约20 mm。门窗樘塞入后先用木楔临时塞住，校正至横平竖直，确认无误后，再用钉子将门窗樘钉牢在墙内的木砖上。

门窗樘安装完毕后，可以进行门窗扇的安装。安装前要先测量一下门窗樘洞口的净尺寸，根据测得的准确尺寸来修刨门窗扇。门窗安装时，应保持冒头、窗芯水平，双扇门窗的冒头要对齐，开关灵活，但不准出现自开或自关的现象。

安装玻璃之前，应将门窗的玻璃槽（又称门窗裁口）清扫干净，以保证油灰与槽口能粘结牢固。沿裁口的全长均匀、连续地涂抹厚度为1～3 mm的底灰，然后将玻璃推铺平整，轻压玻璃将部分底灰挤出槽口，待油灰初凝，具有一定强度时，顺裁口方向将多余的底灰刮平，清除遗留的灰渣。再使用小圆钉固定玻璃，下钉后抹表面油灰，刮成斜坡形，再反复修刮至光滑，钉帽不准露出油灰面。

2）钢门窗的安装。安装前应先对钢门窗的规格、尺寸、数量、质量等进行检查，确认无误。钢门窗应安装在墙体的中线位置，用开角扁钢与墙体连接，并逐段固定窗框，然后用1：2的水泥砂浆填满各洞口。钢窗就位后，先以木楔临时固定，再用手电钻通过钢窗框上的原有孔在墙体上钻孔，将钢钉强力砸入孔内挤紧，固定钢窗。木楔的拆除应先两侧而后上下，随即在钢窗的四周抹灰。三天内对安装好的窗框加以保护，不准在窗芯上悬挂重物，以免造成变形。钢门的安装及墙体的连接方法与钢窗相同。

3）铝合金门窗的安装。安装前先弹线找规矩，按弹线确定的位置将门窗框就位，吊直找平后用木楔临时固定。然后用焊接、打射钉枪等方式将门窗框与墙体固定，再按设计要求及时处理窗框与墙体缝隙。

在门窗扇上嵌装玻璃时，可用橡胶条挤紧，然后在橡胶条上注入密封胶；也可以直接用橡胶压条封缝、挤紧，表面不再注胶。

铝合金门窗安装完毕，统一进行安装质量检查，确认无误后，将型材表面的胶纸保护层撕掉，玻璃擦拭明亮光洁即可交活。

4）塑料门窗的安装。安装时应按图纸要求检查装修洞口，按规定的位置立好塑料门框，并在门框的一侧用木螺钉同木砖固定。将塑料门装在门框中并找正位置，用木块在框下方或上方，找好垂直和地平线标高，找好后将门从门框中取出，将门框的另一侧再用木螺钉固定在木砖上。在门框安装合页的部位剔好铰链槽，注意不准将框边剔透。最后将门装入门框中，用合页固定，达到开关自如，不崩扇、不坠扇。

塑料窗的安装与其类似，不再详述。

7.4　实训成果

（1）通过本节课的学习，试回答表7-1中所列的问题，并将答案填写在对应的表格内。

表7-1　问题及解答

序号	任务及问题	解答
1	简述门窗清单工程量计算规则。	
2	简要说明门窗工程量的清单计算规则和定额计算规则的不同之处。	
3	门窗工程工程量清单所包含的工程内容有哪些？	
4	项目特征中的门、窗类型主要指哪些？	
5	铝合金门窗的安装施工方法是怎样的？	

（2）根据本节课所涉及的工程项目，填写工程量清单表（表7-2）。

表7-2　工程量清单表

序号	项目编码	项目名称	项目特征	计量单位	工程量
1					
计算过程					
2					
计算过程					
3					
计算过程					
4					
计算过程					
5					
计算过程					

项目8　门窗工程工程量清单计价

8.1　实训技能要求

（1）掌握基本识图能力，通过分析室内装饰装修做法说明、门窗表和门窗详图，能够准确地分析出门窗的类型，并能够分析出清单项目对应的定额子目。

（2）掌握门窗工程综合单价的计算方法，能够熟练地进行定额工程量和清单工程量之间的换算，并能正确地进行综合单价的分析。

（3）具备编制门窗分部分项工程量清单综合单价分析表的能力。

8.2　实训内容

8.2.1　实训步骤

（1）对列定的门窗工程工程量清单项目的项目特征进行分析，找出该清单项目下所包含的定额子目。

（2）通过查阅《陕西省建筑装饰工程消耗量定额（2004）》《陕西省建筑装饰市政园林绿化工程价目表建筑装饰册（2009）》以及《陕西省建设工程工程量清单计价费率（2009）》，计算各定额子目的人工费、材料费、机械费、管理费、利润和风险费。

（3）根据步骤（2）的计算结果，计算出各种类型门窗工程量的综合单价。

（4）根据给定的陕建发〔2015〕319号文件《关于调整房屋建筑和市政基础设施工程工程量清单计价综合人工单价的通知》，计算人工差价。

（5）根据计算出的门窗工程清单工程量和综合单价以及人工差价，计算门窗工程的分部分项工程费用。

8.2.2 门窗工程量清单项目分析

在对门窗工程量清单项目进行分析时，需要对项目图纸中的建筑设计总说明、门窗表与《陕西省建筑装饰工程消耗量定额（2004）》进行对比分析，如果所选择的定额子目和本工程中所给定的门窗的设计要求、材料种类、施工做法等完全一致时，则可直接套用定额进行人工费、材料费、机械费的计算，如果本工程中的门窗按设计要求的技术特征和施工做法与定额中的某些子目不一致，但是接近时，并且按定额规定允许进行换算的分项工程，可以按相近的分项工程定额进行调整和换算。

8.3 知识链接

8.3.1 定额说明

（1）门窗工程的定额中，门窗安装均按外购成品列入，成品门窗价均包含玻璃和门窗附件的价格。

（2）装饰板门扇制作安装按木骨架、基层、饰面板面层、门扇上安装玻璃以及门扇安装分别计算。

（3）定额劳动力消耗综合了机械和手工操作的水平。

（4）定额木门窗部分均按框制作与框安装、扇制作与扇安装分别列项，其中，普通木门窗不再设扇制作子目，木门扇可按设计要求分别采用市场采购方式，按扇数另列项目计算。

（5）门窗工程子目中木种均为一、二类木种。如采用三、四类木种时，分别乘以下列系数：木门窗制作的人工工日和机械台班乘以系数1.3；木门窗安装的人工工日乘以1.16的系数。其他子目的人工工日和机械台班乘以系数1.35。

（6）定额子目中的木材断面和厚度均为毛料，如设计所注明的断面或厚度为净料时，应增加刨光损耗。板方材一面刨光加3 mm，两面刨光加5 mm；圆木构件每立方米体积增加0.05 m^3的刨光损耗。

（7）木门窗子目中普通木门窗是根据02J系列陕西省现行标准图集编制的，如设计图与此不同时，要按照一定的标准分别进行调整，但附加木料不变（附加木料指木砖、木门窗框临时加固及护口板等用材）。

调整后木材耗用量=[设计断面积（加双面刨光损耗）/附表中对应门窗断面积]×定额木材消耗量

（8）普通门窗及特种门安装子目的五金量均为相应图集中的一般五金，如设计有特殊要求时，可另行计算。

8.3.2 工作内容说明

（1）木门窗的工作内容包括：框、扇制作、安装，刷防腐油、清油，填塞门窗洞口间隙，装玻璃及小五金等全部工序。

（2）门窗附件的工作内容包括：钉镀锌薄钢板、密封条等全部工序。

（3）屋面木基层的工作内容包括：制作及安装檩条、檩托木（或垫木），刷防腐油；屋面板制作、缝口刨直，做错口缝平面刨光，檩木上钉椽子及挂瓦条；檩木上钉屋面板、铺油毡、钉挂瓦条；封檐板、博风板的制作、安装等工序。

（4）金属门窗安装均按外购成品列入，成品门窗价均包含玻璃和门窗附件的价格。

（5）装饰板门扇制作安装按木骨架、基层、饰面板面层、门扇上安装玻璃以及门扇安装分别计算。

（6）门窗套包括门窗内沿和墙两侧的翻沿，筒子板只包括门窗内沿，贴脸只包括墙两侧的翻沿。

（7）铝合金门窗（成品）安装的工作内容包括：现场搬运，安装框扇，校正、安装五金配件，周边塞口、清扫等。

（8）卷闸门安装的工作内容包括：安装导槽、端板及支撑，卷轴及门片、附件、门锁调试全部操作过程。

（9）彩板组角钢门窗、塑钢门窗安装的工作内容包括：校正框扇、装配五金、焊接附件、周边塞口、清扫等全部操作过程。

（10）防盗装饰门窗安装的工作内容包括：校正框扇、凿洞、安装门窗、塞缝等全部操作过程。

（11）钢质（木质）防火门、防火卷帘门的工作内容包括：门洞修整、凿洞、成品防火门安装、周边塞缝等。

（12）防火门、防火卷帘门安装的工作内容包括：门洞修整、凿洞，卷帘门、支架、导槽、附件安装、试开，周边塞缝等。

（13）装饰门扇制作安装的工作内容包括：门扇制作、安装等全部操作过程。

（14）电子感应自动门及转门的工作内容包括：制作、安装、调试等全部操作过程。

（15）自动伸缩门的工作内容包括：定位，画线，安轨道，门、电动装置安装、调试等。

（16）不锈钢板包门框、无框玻璃门的工作内容包括：定位放线、安装龙骨、钉木基层、粘贴不锈钢板面层、清理等全部操作过程。无框全玻门包括不锈钢门夹、拉手、地弹簧安装。

（17）门窗套的工作内容包括：制作、安装、剔砖打洞、下木砖；立木筋、起缝、钉木装饰条以及清理基层、找平、镶嵌、固定、预埋铁件、调运砂浆、灌浆、养护、插缝等全部操作过程。

（18）门窗贴脸的工作内容包括：钉基层、安装等全部操作过程。

（19）门窗筒子板的工作内容包括：选料、制作、安装、剔砖打洞、下木砖、立木筋、起缝、对缝、钉压条等全部操作过程。

（20）窗帘盒的工作内容包括：制作、安装、剔砖打洞、铁件制作等全部操作过程。

（21）窗台板的工作内容包括：选料、制作、安装、剔砖打洞、下木砖、立木筋、起缝、对缝、钉压条、调制砂浆等全部操作过程。

（22）窗帘轨道的工作内容包括：铁件制作、安装、固定；硬木窗帘杆制作、安装等。

（23）五金、闭门器安装的工作内容包括：定位、安装、调校、清扫。

（24）成品木门包括门框，按外购成品列入。

8.3.3 清单项目组价与计价

在进行工程量清单组价时，可参考陕西省2004消耗量定额子目，具体见表8-1。

表8-1 门窗清单项目定额参考子目

序号	清单项目	项目编码	项目名称	参考定额子目
1	木门（020401）	020401001	镶板木门	木门窗运输（6-40～6-44） 木门框（有亮）制作安装（7-23～7-24） 门扇制作安装（10-976～10-978）
2		020401002	企口木板门	木门窗运输（6-40～6-44） 木门框制作安装（7-23～7-26） 木门扇安装（7-27）
3		020401003	实木装饰门	木门窗运输（6-40～6-44） 木门框制作安装（7-23～7-26） 门扇制作安装（10-976～10-978） 装饰门扇安装玻璃（10-982） 高级装饰木门安装（10-983）

续表

序号	清单项目	项目编码	项目名称	参考定额子目
4	木门（020401）	020401004	胶合板门	木门窗运输（6-40～6-44） 木门框制作安装（7-23～7-26） 装饰门扇制作（10-979～10-980） 装饰门扇安装玻璃（10-982） 高级装饰木门安装（10-983）
5		020401005	夹板装饰门	木门窗运输（6-40～6-44） 木门框制作安装（7-23～7-26） 装饰门扇制作安装（10-979～10-983）
6		020401006	木质防火门	木门窗运输（6-40～6-44） 木门框制作安装（7-23～7-26） 木质防火门安装（10-973）
7		020401007	木纱门	木门窗运输（6-40～6-44） 加双裁口框和纱窗制作安装（7-28、7-29）
8	金属门（020402）	020402001	金属平开门	单层钢门安装（5-24、5-25） 平开门安装（10-950）
9		020402002	金属推拉门	推拉门安装（10-950）
10		020402003	金属弹地门	地弹门安装（10-949）
11		020402004	彩板门	彩钢门安装（10-959、10-960）
12		020402005	塑钢门	塑钢门安装（10-964） 塑钢门连窗安装（10-966）
13		020402006	防盗门	钢防盗门安装（5-30） 防盗装饰门窗安装、三防门（10-969）
14		020402007	钢质防火门	防火门（钢质）安装（10-972）
15	金属卷帘门（020403）	020403001	金属卷闸门	卷闸门安装（10-956～10-958）
16		020403002	金属格栅门	不锈钢格栅门安装（10-971）
17		020403003	防火卷帘门	卷闸门窗安装、防火门窗（10-974） 防火卷帘门手动装置安装（10-975）
18	其他门（020404）	020404001	电子感应门	电子感应自动门安装（10-987、10-988）
19		020404002	转门	全玻转门直径2 m，不锈钢柱玻璃12 mm（10-989）
20	木窗（020405）	020405001	木质平开窗	木门窗运输（6-40～6-44） 木窗（平开窗）（7-1～7-8）
21		020405003	矩形木百叶窗	木门窗运输（6-40～6-44） 木窗（矩形百叶窗）（7-9～7-14）
22	金属窗（020406）	020406001	金属推拉窗	铝合金推拉窗安装（10-951）
23		020406002	金属平开窗	单层钢窗安装（5-26～5-27） 平开窗安装（10-953）
24		020406003	金属固定窗	钢天窗安装（5-28） 钢橱窗安装（5-32） 固定窗安装（10-952）

续表

序号	清单项目	项目编码	项目名称	参考定额子目
25	金属窗（020406）	020406007	塑钢窗	塑钢窗安装（10-965） 塑钢门连窗安装（10-966）
26		020406010	特殊五金	五金安装（10-1015～10-1034）
27	门窗套（020407）	020407001	木门窗套	门窗套安装（10-996～10-997）
28		020407002	金属门窗套	不锈钢窗套安装（10-998）
29		020407004	门窗木贴脸	门窗贴脸安装（10-1000～10-1002）
30	窗帘盒、窗帘轨（020408）	020408001	木窗帘盒	窗帘盒安装（10-1006～10-1008）
31		020408004	窗帘轨	窗帘轨道安装（10-1012～10-1014）
32	窗台板（020409）	020409001	木窗台板	木窗台板安装（10-1009～10-1010）
33		020409003	石材窗台板	大理石窗台板安装（10-1011）

8.4 实训成果

（1）通过本节课的学习，试回答表8-2中所列的问题，并将答案填写在对应的表格内。

表8-2 问题及解答

序号	任务及问题	解答
1	木门窗的制作安装要套哪些定额？	
2	门窗工程中的哪个构件在计价时，不需要另行计算？	A. 玻璃 B. 门窗附件 C. 纱窗 D. 门扇安装 E. 门窗从工厂运至仓库的运费 F. 门窗从仓库运至现场的运费
3	如果门窗的清单工程量计算的是数量，定额工程量计算的是面积，那么门窗的综合单价的单位是什么？为什么？	
4	铝合金门窗安装的工作内容包括哪些？	
5	塑钢窗的工作内容包括哪些？	

（2）根据本节课所涉及的工程项目，填写天棚工程分部分项工程量清单综合单价分析表（表8-3）及综合单价的计算过程（表8-4）。

表8-3　分部分项工程量清单综合单价分析表

项目编码	项目名称	工程内容	单位	综合单价组成（单位：元）						综合单价
				人工费	材料费	机械费	风险	管理费	利润	
		合计								
		合计								
		合计								

表8-4　综合单价的计算过程

（3）根据本节课的计算结果，填写天棚工程量清单计价表（表8-5）。

表8-5　工程量清单计价表

序号	项目编码	项目名称	计量单位	工程数量	金额/元	
					综合单价	合价
1						
2						
3						
4						
5						
6						
7						
8						
9						
10						
11						
12						
13						
本页小计						
合计						

项目9　油漆、涂料、裱糊工程清单项目及工程量计算

9.1　实训技能要求

（1）掌握基本识图能力，通过分析建筑设计总说明，能够对油漆、涂料、裱糊工程的材料类型有个简单的了解，能够从平面图中正确地识读出需要进行油漆、刷涂料、裱糊的各种构件的尺寸以及数量。

（2）掌握陕西省装饰装修油漆、涂料、裱糊工程量清单项目的组成以及计算规则。

（3）具备正确运用油漆、涂料、裱糊工程量计算规则计算其工程量的能力，并能将其应用到实际工程之中。

9.2　实训内容

9.2.1　实训步骤

（1）熟悉项目图纸——专用宿舍楼工程的建筑施工图和结构施工图（参见附图）以及《陕西省建设工程工程量清单计价规则（2009）》，收集相关的实训资料。

（2）按照《陕西省建设工程工程量清单计价规则（2009）》，设置油漆、涂料、裱糊工程工程量清单项目，并对其特征进行说明。

（3）根据《陕西省建设工程工程量清单计价规则（2009）》中油漆、涂料、裱糊工程工程量计算规则，计算其清单工程量。

（4）整理回答相关问题，并将计算结果填写在文后表格内（表9-1）。

9.2.2 工程内容

通过分析建筑设计总说明可知，本工程进行油漆的构件是防火门（木质），进行刷涂料的构件是天棚。

通过查阅《陕西省建设工程工程量清单计价规则》（2009）可知：

（1）本工程防火门油漆所属清单项目属于“油漆、涂料、裱糊工程”章节下的门油漆子目，其工程内容应包括：基层清理，刮腻子，刷防护材料、油漆。

（2）本工程白色乳胶漆天棚属于“油漆、涂料、裱糊工程”章节下的喷刷涂料子目，其工程内容应包括：基层清理，刮腻子，刷、喷涂料。

9.2.3 项目特征

通过查阅《陕西省建设工程工程量清单计价规则（2009）》可知，门油漆在进行项目特征描述时，应包括：

（1）门类型；

（2）腻子种类；

（3）刮腻子要求；

（4）防护材料种类；

（5）油漆品种、刷漆遍数。

喷刷涂料项目在进行项目特征描述时，应包括：

（1）基层类型；

（2）腻子种类；

（3）刮腻子要求；

（4）涂料品种、刷喷遍数。

可通过查阅建筑设计总说明对油漆、涂料、裱糊工程相关的项目特征进行具体描述。

9.2.4 工程量计算规则

（1）门油漆。门油漆清单工程量按设计图示数量或设计图示单面洞口面积计算（本工程以设计图示单面洞口面积计算）。

（2）喷刷涂料。喷刷涂料清单工程量按设计图示尺寸以面积计算。

9.3 知识链接

9.3.1 项目特征说明

（1）门类型应分为镶板门、木板门、胶合板门、装饰实木门、木纱门、木质防火门、连窗门、平开门、推拉门、单扇门、双扇门、带纱门、全玻门（带木扇框）、半玻门、全百叶门、半百叶门以及带亮子、不带亮子、有门框、无门框和单独门框等。

（2）窗类型应分为平开窗、推拉窗、提拉窗、固定窗、空花窗、百叶窗以及单扇窗、双扇窗、多扇窗、单层窗、双层窗、带亮子、不带亮子等。

（3）腻子种类分石膏油腻子（熟桐油、石膏粉、适量水）、胶腻子（大白、色粉、羧甲基纤维素）、漆片腻子（漆片、酒精、石膏粉、适量色粉）、油腻子（矾石粉、桐油、脂肪酸、松香）等。

（4）刮腻子要求，分刮腻子遍数（道数）或满刮腻子或找补腻子等。

9.3.2 常见材料种类及施工方法说明

油漆、涂料、裱糊工程清单项目包括门油漆，窗油漆，扶手及其他板条线条油漆，木材面油漆，金属面油漆，抹灰面油漆，喷刷涂料，花饰、线条刷涂料，裱糊等，下面对其常见的材料种类及施工方法进行简单说明。

（1）油漆、涂料工程。

1）常见建筑涂料的种类。

① 溶剂型建筑涂料。溶剂型建筑涂料是以高分子合成树脂为成膜物质，以有机溶剂如脂肪烃、芳香烃、酯类等为分散介质，由于溶剂的挥发而成膜。传统的油性涂料也是一种溶剂型涂料。与乳液涂料相比，溶剂型涂料的涂膜比较致密，光泽强，耐水、耐污染性好，但是其含有有机溶剂，会造成环境污染，形成的涂膜气性差，不适宜在潮湿的基层上施工。

a．油性涂料：其是指传统的以干性油为主要成分的涂料，种类很多。这种涂料的耐老化性较差，使用寿命较短，但涂层致密，容易保持清洁，目前仍大量用于门窗、家具等的涂装。

b．过氯乙烯外墙涂料：这种涂料光泽较好，有相当好的耐老化性和耐污染性，耐碱性也很好，因而可用于外墙的装饰。

c．氯化橡胶涂料：其以氧化的天然橡胶或合成橡胶为成膜物质，以煤胶溶剂为溶剂。这种涂料的耐酸碱性、耐水性、防霉性、难燃性、耐久性均优于油性涂料。与其他溶剂型涂料不同，其所形成的涂层具有一定的透气性，涂刷后基层的水分仍能透过涂层散发出去，所以可用于未完全干透的抹灰面。

d．丙烯酸乳液涂料：乳液型丙烯酸内外墙涂料按成膜物质来分，可分为三种：一种是纯丙型涂料，以丙烯酸共聚乳液为成膜物质，其性能较好，但价格较高；第二种是苯-丙型，是以苯乙烯与丙烯酸类单体的共聚乳液为成膜物质；第三种是乙-丙型，以醋酸乙烯与丙烯酸类单体的共聚乳液为成膜物质。后两种的成本比纯丙型的低，所以应用广泛。

苯-丙乳胶涂料具有丙烯酸酯类的高耐光性、耐候性、保色性，特别适于作外墙涂料。同时，其还具有优异的耐碱性、耐水性和耐刷洗性，耐污染性也很好。

乙-丙乳液涂料与苯-丙涂料相比，耐水性差些，但成本较低。

e．聚氨酯外墙涂料：聚氨酯外墙涂料，是一种“弹性涂料”。当基层由于某种原因发生变形开裂时，饰面涂层亦随之伸缩。其具有优异的耐水性、耐碱性、耐洗刷性及抗老化能力。

② 无机建筑涂料。无机建筑涂料是一种水性涂料，其成膜物质是碱金属硅酸盐或硅溶胶，固化后的涂膜具有不燃性，其耐热性、表面硬度、耐老化性等性能都优于有机涂料，而且最低成膜温度较低，施工较方便，工效高。同时，由于其以水为介质，无毒、无臭、安全、廉价，优于溶剂型外墙涂料，但其在柔性、光泽度和耐水性方面不及有机涂料。

a．硅酸盐类建筑外墙涂料：硅酸盐类无机建筑外墙涂料成膜物质为碱金属硅酸盐水溶液，通过固化剂的作用固化成膜。国内目前生产的硅酸盐类无机建筑外墙涂料的品种较多，较有代表性的是钾水玻璃型，其比用钠水玻璃为成膜物质的涂料耐水性好，常温下成膜性好。

b．硅溶胶类无机外墙涂料：其以胶态二氧化硅为成膜物质，其耐酸碱性、耐热性、耐老化性优异，涂膜致密、坚硬、耐磨性好，但涂膜呈刚性，柔性差，光泽差。

③ 有机无机复合型涂料。这类涂料中既含有有机高分子成膜物质，又有无机高分子成膜物质，起到互相改性的作用。

a．聚乙烯醇水玻璃内墙涂料：聚乙烯醇水玻璃内墙涂料也称为106涂料，是以聚乙烯醇和钠水玻璃为成膜物质的一种水溶性涂料。聚乙烯醇是水溶性聚合物，耐水性较差，钠水玻璃的加入在一定程度提高了其耐水性。106涂料价格低，原料来源丰富，但耐水性较差，一般作为内墙涂料。其主要特点是涂层光洁平滑，施工简便，价格低廉，与抹灰层的粘结较好，而且无毒、无味、不燃，所以在民用住宅的内墙装饰中应用十分广泛。

808涂料是以聚乙烯醇缩甲醛为成膜物质，耐水性优于106涂料。这种涂料的特点为无毒、无臭、干燥快、遮盖力强、涂层光洁、涂刷方便、耐擦洗、装饰性好，与墙面有良好粘附能力，冬季施工性能好等。这种涂料可直接涂刷于混凝土、纸筋灰、抹灰砂浆等表面，适于室内墙面装饰。

b．聚合物改性后水泥浆：素水泥浆涂料是传统的刷浆材料，其缺点是易粉化脱落。用聚合物乳液或水溶性改性，能提高涂料与基层的粘结强度，减少或防止饰面层开裂和粉化脱落现象，改善浆料的和易性。目前用来改性的聚合物较普遍采用108胶，即聚乙烯醋酸甲醛水溶液。

c．多彩内墙涂料：其耐久性、耐油性、耐化学药品性、耐擦洗性、耐燃性均比较优良，且可用于混凝土、砂浆、灰浆、石膏板等多种基层之上，是一种综合性能十分优良的室内装饰涂料。

2）常见油漆品种。

① 木材表面用油漆。木材表面用油漆包括各种厚漆、锌白厚漆、白厚漆、抄白漆、虫胶漆、酚醛清漆、酚醛地板漆、醇酸磁漆、硝氨酯漆、丙烯酸木器漆等。

② 金属表面用油漆。金属表面用油漆包括油性防锈漆、酚醛调合漆、醇酸磁漆、酚醛清漆、硝基磁漆、环氧树脂底漆等。

③ 防火涂料。防火涂料常用的有水性膨胀型防火涂料、改性氨基膨胀防火涂料、钢结构防火隔热涂料、木结构防火涂料等。

3）施工方法。涂料、油漆在木材面、金属面、抹灰面装饰工程中被广泛采用，具有省工省料、造价低、维修更新方便的特点。涂料、油漆工程的施工方法多种多样，但其施工工序基本相同。下面以墙面施工工艺为例，对其作简要说明。

① 处理基层。基层施工质量经验收合格后，清除其表面残余的砂浆或灰尘，不平整处找平。基层表面若有油污或钢筋混凝土墙面有脱模剂，需用火碱水溶液洗涤干净，并用清水冲洗。

② 配（调）料。一般涂料均由基料（主要成膜物质）、填料（辅助成膜物质）和颜料（次要成膜物质）等组成，由于各自比重不同，经贮存容易产生分层，在使用前及使用过程中应搅拌均匀。使用时应控制其黏稠度。为了保证颜色均匀一致，使用前，应将多桶分装的涂料倒在一个大容器中，进行调合搅拌，混合均匀，再分桶存放备用。使用过程中不

得随意调配，以防颜色改变。

③ 涂饰。涂饰的方法有很多种，常用的有刷涂、喷涂、滚涂等。

a．刷涂：刷涂是人工用排笔等简易工具进行涂饰的施工方法。其特点是容易施工，适应性广，适宜一般家庭作业，但工效较低。刷涂时，要先从上至下竖刷一遍，再从左至右横刷一遍，再竖向刷第三遍，两遍间隔时间应保证涂层足够干燥。排笔轨迹应顺直，均匀一致，不显接槎。

b．喷涂：喷涂是采用手动或电动涂浆机械进行涂饰的施工方法。这种方法工效高，适于大面积涂饰，外观质量较好，但污染大，材料消耗多。喷涂时，应首先用塑料布、纤维板挡在门窗等部位，根据涂料决定喷嘴直径和压力大小。喷头距墙面300 mm，移动速度均匀，由上向下，应特别注意天棚与墙面交界处的处理，喷涂要均匀，不留坠。喷涂一遍后，待涂层稍干，用砂纸轻轻打磨找平，再喷涂下一遍，直到符合设计要求为止。

c．滚涂：滚涂是采用合成纤维等毛面辊筒进行涂饰的施工方法。其特点是工具灵活轻便，容易操作，涂布均匀，质量高，但对涂料的流易性有较严格的要求。操作方法类同喷涂。

d．彩色弹涂：彩色弹涂是用弹涂机将色浆弹射到墙面上，形成彩色斑点或自然流畅的线条，并用钢皮批板把弹点压成各种花纹图案的装饰施工方法，由刷涂色浆、面层弹花点、压花纹三道工序组成。

e．滚花：滚花是以聚醋酸乙烯胶乳漆或106涂料为主要原料，用刻有花纹图案的橡胶辊筒在建筑墙面上滚出各种花纹图案的装饰工艺，其工序为刷涂、滚花。

刷涂色浆用力均匀，以刷两遍为宜。刷涂完毕检查、修补，满足要求后用橡胶辊筒滚花。滚花时手要平稳，一滚到底，不能中断或停顿。

f．彩色弹涂滚花：彩色弹涂滚花仍以乳胶漆或106涂料为主要原料，配以矿物颜料，调成色浆。施工方法是弹花和滚花两者的结合，共需基层处理、嵌抹腻子、砂纸打磨、刷涂色浆、弹花点、压花纹和滚花七个步骤。

④ 修理。涂饰之后，应立刻检查，不均匀之处应马上补刷，达到完全符合质量要求。揭下遮挡物，用棉纱或布头擦去污染之处。采取保护产品的措施，24 h内不得水冲雨淋，不得接触和淋污涂刷的表面。

（2）裱糊工程。裱糊工程是指以乳胶或108胶作粘结剂，把壁纸裱糊在水泥砂浆墙面、混合砂浆墙面、石灰砂浆墙面、石膏板墙面以及混凝土墙面上的装饰工艺。

1）常见材料简介。壁纸种类繁多，但归纳起来，大致可分为纸基壁纸、高级织物壁纸、纤维及织物基壁纸、特殊性能基壁纸四大类。

① 纸基壁纸。

a．纸基涂料壁纸：该类壁纸可分为普通壁纸、低发泡壁纸及高发泡壁纸三类，分别是在纸基上涂抹掺有发泡剂的PVC糊状树脂，经印花、发泡等工序，制成有凹凸花样的壁纸。其特点是花色品种繁多，可满足用户的不同要求，适用于饭店、影剧院、民用住宅等的天棚和墙面装饰。

b．纸基织物壁纸：纸基织物壁纸是用绉纸为纸基，表面粘贴各种纺织线而制成的。线的质地、颜色可以各种各样，甚至其中可掺有金、银丝，排列成所需要的图案、花纹，适用于办公室、会议室、宾馆、饭店及家庭的墙面装饰。

c．聚氯乙烯壁纸：聚氯乙烯壁纸是用纸为基层，聚氯乙烯塑料薄膜为面层，经复合、印花、压花等加工而制成。其抗拉强度高，不易撕裂，有伸缩性，不吸水，便于擦洗，性能好，施工方便，易于粘贴和更换，适用于各种建筑的内墙、梁、柱和天棚的贴面。

d．麻草壁纸：麻草壁纸是以纸为基层，用纺织成图案和花样的麻和草类为面层，经复合加工而制成。该壁纸特征是造型自然、古朴，散潮湿，不变形，吸声效果好，但不耐燃烧，适用于宾馆、饭店、酒吧、舞厅、影剧院、会议室和接待室的内装饰。

② 高级织物壁纸。

a．毛麻织物壁纸：毛麻织物壁纸使用毛料、仿毛化学纤维织物或麻类编织物浮挂在墙面上形成的装饰层。这类织物织线厚实、古朴、粗犷，适用于会议室、会客室和展览室等内装饰。

b．丝锦织物壁纸：丝锦织物壁纸是用丝绒、锦缎等高级丝织品浮挂在墙面上或加软质垫层后，裱糊在胶合板的底层形成装饰面层。其图案花样逼真，富贵豪华，触感独特，适用于豪华、高雅、华丽的客厅和高档次的起居室装饰。

③ 纤维及织物基壁纸。

a．化纤壁布：化纤壁布是用不同化学纤维布为基层，经处理，涂面层印花等加工而制成。其强度高、不缩水、不易变色，防潮透气，无味、无毒，耐摩擦，不分层，适用于各级宾馆、饭店、办公室、会议室和民用住宅的装饰。

b．无纺壁布：无纺壁布是用麻、棉天然纤维或合成化学纤维织成无纺布，再涂以树脂胶定型，经印制各种颜色的花纹图案而制成。其不老化，弹性好，透气防潮，可擦洗，施工方便，适用于多种建筑物的室内装饰。

c．装饰壁布：装饰壁布是由纯棉布为基层，经过处理，印制花纹图案，涂面层等加工而制成。其强度高，变形小，无味，无毒，吸声效果好，可粘贴或浮挂多种基层的墙面、梁、柱，适用于宾馆、饭店、公用建筑和高级民用住宅。

④ 特殊性能基壁纸。

a．耐水壁纸：耐水壁纸是由玻璃毡或玻璃纤维布作基层，表层为耐磨树脂，印制各色花纹图案而制成。其主要特点为防潮、耐水，可用于潮湿房间，不易燃烧，施工方便，适用于卫生间、浴池、厨房的贴面，也可用于其他室内装饰。

b．防火壁纸：防火壁纸是用石棉纸作基层，并在表面涂加有阻燃剂的PVC糊状树脂，印制多种颜色花纹图案而制成。其具有明显的阻燃防火性能，适用于防火要求较高的建筑和木板面的防火装饰。

c．彩色砂粒壁纸：彩色砂粒壁纸是将砂粒撒布在基层上，再喷涂粘结剂，使砂粒粘牢，表面具有砂粒毛面。该类壁纸色彩鲜艳，不褪色，质感粗犷自然、坚实，适用于走廊、门厅、柱头等局部装饰。

2）施工方法。由于壁纸基材不同，施工方法也有区别，主要分为以下两种类型：

① 一般壁纸的裱糊方法。一般壁纸主要指纸基壁纸，缩水率较大，裱糊前应充分浸泡。施工工序如下：

a．处理基层：裱糊壁纸的基层要求表面平整垂直，墙壁、天棚管线或埋件、附件已经埋设完毕。基层的含水率符合要求，最好不超过8%。墙的表面颜色一致，没有油污，重点地方先用腻子补平，再满刮两遍腻子，认真打磨砂纸，特别是阴阳角、窗台下等处，达到表面光滑平整。

b．弹线：按设计要求，在墙、柱面上端弹出壁纸裱糊的上口位置线及垂直基准线，注意要保证水平、垂直。若有门窗等大洞口时，为了便于折角贴立边，一般垂直线应沿立边划分。

c．裁纸：根据水平弹线的位置确定壁纸的实贴长度，下料长度比实贴长度略长3～5 cm，按下料长度统筹规划裁纸，并按裱糊顺序编号以备逐张使用。

d．浸纸：一般壁纸遇到粘结剂和水有膨胀的特点，为了保证裱糊质量，在裁糊前要将裁好的壁纸充分浸泡，浸泡的时间一般约为5～10 min。浸泡后甩掉多余水分，静置一会儿，确保纸能充分胀开，粘贴到基层后，随着水分的蒸发，壁纸能够绷紧、展平，糊实到基层上。

e．涂刷粘结剂：将浸泡后膨胀好的壁纸，按序号铺在工作台上，在其背面薄而均匀地刷上粘结剂。同时，在基层上也涂刷一层薄而均匀的粘结剂，宽度比壁纸宽约3～5 cm，自上而下涂刷，不要流淌。

f. 裱糊：将涂过粘结剂的壁纸，对准上口位置线，沿垂直基线贴于基层上，然后由中间向外用刷子铺平。按顺序铺贴壁纸，注意应先拼缝对图案，再铺平和刮实大面。接缝应在不明显部位，阴角处接缝应搭接，阳角处不能对缝，不能搭槎。

g. 修整：墙纸裱糊后会留下污斑，表面上也可能有胶液，应用净棉丝及时擦净。翘角处用108胶刷涂后，用木辊压实。若有气泡，用针头排气后再用木辊压实。

② 其他基材壁纸裱糊方法。其他基材壁纸一般是指以玻璃纤维、化学纤维和棉麻植物纤维的织物为基材的壁纸，如无纺壁布、锦缎等，其遇水不膨胀，裱糊前无须浸泡，与一般壁纸的施工略有不同。

还需注意，壁布的下料尺寸比实贴要更大一些，一般为10～15cm。另外，织锦质地柔软，需先在其背面裱衬一层宣纸，使其挺括不易变形，再进行操作。同时，裱糊织锦的基层应平整干燥，以防发霉。

9.4 实训成果

（1）通过本节课的学习，试回答表9-1中所列的问题，并将答案填写在对应的表格内。

表9-1 问题及解答

序号	任务及问题	解答
1	简述门窗油漆工程清单工程量计算规则。	
2	简述喷刷涂料工程清单工程量计算规则。	
3	简述裱糊工程清单工程量计算规则。	
4	简要说明腻子的种类。	
5	一般壁纸的裱糊方法有哪些？	

（2）根据本节课所涉及的工程项目，填写工程量清单表（表9-2）。

表9-2　工程量清单表

序号	项目编码	项目名称	项目特征	计量单位	工程量
1					
计算过程					
2					
计算过程					
3					
计算过程					
4					
计算过程					
5					
计算过程					

项目10　油漆、涂料、裱糊工程工程量清单计价

10.1　实训技能要求

（1）掌握基本识图能力，通过分析室内装饰装修做法说明，能够准确地判断出需要进行列项的油漆、涂料和裱糊工程清单项目，并能够从图纸中识读出各种构件的尺寸，分析出清单项目下所包含的定额子目。

（2）掌握油漆、涂料、裱糊工程综合单价的计算方法，并能正确地进行综合单价的分析。

（3）具备编制油漆、涂料、裱糊分部分项工程量清单综合单价分析表的能力。

10.2　实训内容

10.2.1　实训步骤

（1）对列定的油漆、涂料、裱糊工程量清单项目的项目特征进行分析，找出该清单项目下所包含的定额子目。

（2）通过查阅《陕西省建筑装饰工程消耗量定额（2004）》《陕西省建筑装饰市政园林绿化工程价目表建筑装饰册（2009）》以及《陕西省建设工程工程量清单计价费率（2009）》，计算各定额子目的人工费、材料费、机械费、管理费、利润和风险费。

（3）根据步骤（2）的计算结果，计算出油漆、涂料、裱糊工程量的综合单价。

（4）根据给定的陕建发〔2015〕319号文件《关于调整房屋建筑和市政基础设施工程工程量清单计价综合人工单价的通知》，计算人工差价。

（5）根据计算出的油漆、涂料、裱糊工程清单工程量和综合单价以及人工差价，计算油漆、涂料、裱糊工程的分部分项工程费用。

10.2.2 油漆、涂料、裱糊工程量清单项目分析

在对油漆、涂料、裱糊工程量清单项目进行分析时，需要对项目图纸中的建筑设计总说明及室内装修做法表与《陕西省建筑装饰工程消耗量定额（2004）》进行对比分析，如果所选择的定额子目和本工程中所给定的油漆、涂料、裱糊的设计要求、材料种类、施工做法、技术特征等完全一致时，则可直接套用定额进行人工费、材料费、机械费的计算，如果本工程中的油漆、涂料、裱糊按设计要求的技术特征和施工做法与定额中的某些子目不一致，但是接近时，并且按定额规定允许进行换算的分项工程，可以按相近的分项工程定额进行调整和换算。

10.3 知识链接

10.3.1 定额说明

（1）油漆、涂料、裱糊工程的定额刷涂采用手工操作，喷涂采用机械操作，实际施工操作方法不同时，不予调整。

（2）油漆、涂料、裱糊工程的定额已综合油漆的浅、中、深等三种颜色，实际使用的油漆颜色不同时，不予调整。

（3）对同一平面上的分色及门窗内外分色已综合考虑，不得调整。如需美术图案者，可另行计算。

（4）如果定额内规定的喷、涂、刷遍数与设计要求不同时，可按每增加一遍子目进行调整。

（5）定额中的双层木门窗（单裁口）是指双层框扇（两层单层木门窗），三层二玻一纱窗是指三层双玻璃（一层一玻一纱窗，一层单玻窗）。

（6）定额中的木扶手油漆按不带托板考虑。

（7）油漆子目根据其所刷表面材料的不同分为木材面油漆（10-1035子目至10-1265子目）；金属面油漆（10-1266子目至10-1324子目）；抹灰面油漆（10-1325子目至10-1401子目）。

10.3.2 工作内容说明

（1）木材面油漆包括清扫、磨砂纸、刮腻子、刷清油两遍。

（2）金属面油漆包括除锈、清扫、磨光、刷防锈漆。

（3）抹灰面油漆包括清扫、底油一遍、铅油一遍、调和漆一遍。

（4）涂料包括基层清理、刮腻子、磨砂纸、刮涂料等全部操作过程。

（5）裱糊包括清扫、执补、刷底油、刮腻子、磨砂纸、配制贴面材料、裱糊、刷胶、裁墙纸（布）、贴装饰画等全部操作过程。

10.3.3 清单项目组价与计价

在进行工程量清单组价时，可参考陕西省2004消耗量定额子目，具体见表10-1。

表10-1　油漆、涂料、裱糊工程清单项目定额参考子目

序号	清单项目	项目编码	项目名称	参考定额子目
1	门油漆（020501）	020501001	门油漆	套用定额相应子目（10-1035～10-1241） 单层木门过氯乙烯漆五遍成活或每增加一遍（10-1215～10-1218）
2	窗油漆（020502）	020502001	窗油漆	套用定额相应子目（10-1036～10-1242、10-1219～10-1222）
3	木扶手及其他板条线条油漆（020503）	020503001	木扶手油漆	套用定额相应子目（10-1037～10-1243） 木扶手过氯乙烯漆五遍成活或每增加一遍（10-1223～10-1226）
4		020503002	窗帘盒油漆	
5	木材面油漆（020504）	020504001	木板、纤维板、胶合板油漆	套用定额相应子目（10-1038～10-1244） 其他木材面过氯乙烯漆五遍成活或每增加一遍（10-1227～10-1230） 防火涂料两遍（10-1245～10-1246） 每增加一遍防火涂料（10-1247～10-1248）
6		020504002	木护墙、木墙裙油漆	
7		020504008	木间壁、木隔断油漆	
8		020504010	木栅栏、木栏杆油漆	
9		020504012	梁板饰面油漆	
10		020504013	零星木装修油漆	
11	金属面油漆（020505）	020505001	金属面油漆	金属面油漆（10-1266～10-1324）
12	抹灰面油漆（020506）	020506001	抹灰面油漆	抹灰面油漆（10-1325～10-1336、10-1341～10-1401、B10-12、B10-13）
13		020506002	抹灰线条油漆	清水墙腰线（10-1337）乳胶漆两遍线条（10-1338～10-1340）
14	喷刷、涂料（020507）	020507001	喷刷涂料	抹灰面涂料（10-1402～10-1425、10-1437～10-1439、10-1441～10-1444、10-1448～10-1450、10-1452～10-1458）
15	裱糊（020509）	020509001	墙纸裱糊	裱糊工程（10-1459、10-1460、10-1462、10-1463、10-1465、10-1466）

10.4　实训成果

（1）通过本节课的学习，试回答表10-2中所列的问题，并将答案填写在对应的表格内。

表10-2　问题及解答

序号	任务及问题	解答
1	如果喷涂涂料时采用的是手工喷涂，与定额不一致，此时应怎样进行调整？	
2	什么是双层木门窗？什么是三层两玻一纱窗？	
3	在计算天棚金属龙骨刷防火涂料的综合单价时，如何计算其定额工程量？	
4	定额中的单层木门刷油是按双层刷油考虑的，如果实际中采用单面刷油，应如何进行定额量的计算？	
5	本工程的油漆、涂料、裱糊工程主要有哪些？	

（2）根据本节课所涉及的工程项目，填写油漆、涂料、裱糊工程分部分项工程量清单综合单价分析表（表10-3）及综合单价的计算过程（表10-4）。

表10-3　分部分项工程量清单综合单价分析表

项目编码	项目名称	工程内容	单位	综合单价组成（单位：元）						综合单价
				人工费	材料费	机械费	风险费	管理费	利润	
		合计								
		合计								
		合计								

表10-4　综合单价的计算过程

（3）根据本节课的计算结果，填写天棚工程量清单计价表（表10-5）。

表10-5　工程量清单计价表

序号	项目编码	项目名称	计量单位	工程数量	金额/元	
					综合单价	合价
1						
2						
3						
4						
5						
6						
7						
8						
9						
10						
11						
12						
13						
本页小计						
合计						

《装饰装修工程计量与计价实务》配套工程图

主 编 陈晓婕 郑宣宣
主 审 武 强

北京理工大学出版社
BEIJING INSTITUTE OF TECHNOLOGY PRESS

附　图

专用宿舍楼图纸目录

序号	图号	图名
1	建施-01	建筑设计总说明
2	建施-02	室内装修做法表
3	建施-03	一层平面图
4	建施-04	二层平面图
5	建施-05	屋顶层平面图
6	建施-06	⑭—①立面图，①—⑭立面图
7	建施-07	侧立面图，1—1剖面图
8	建施-08	楼梯详图
9	建施-09	卫生间详图，门窗详图
10	建施-10	节点大样（一）
11	建施-11	节点大样（二）
12	结施-01	结构设计总说明
13	结施-02	基础平面布置图

序号	图号	图名
14	结施-03	柱平面定位图
15	结施-04	柱配筋表，节点详图
16	结施-05	一层梁配筋图
17	结施-06	二层梁配筋图
18	结施-07	屋顶层梁配筋图
19	结施-08	二层板配筋图
20	结施-09	屋顶层板配筋图
21	结施-10	楼梯顶层梁、板配筋图
22	结施-11	楼梯结构详图

日期	2017.01	工程名称	广联达专用宿舍楼	图纸名称	专用宿舍楼图纸目录
图纸编号					

建筑设计总说明

1. 设计依据

1.1 广联达相关主管部门的审批文件。
1.2 现行的国家有关建筑设计主要规范及规程：
（1）《民用建筑设计通则》（GB 50352—2005）
（2）《建筑设计防火规范》（GB 50016—2014）
（3）《屋面工程技术规范》（GB 50345—2012）
（4）《无障碍设计规范》（JGJ 50763—2012）
（5）《宿舍建筑设计规范》（JGJ 36—2005）
（6）《建筑内部装修设计防火规范》（GB 50222—1995）
（7）《民用建筑工程室环境污染控制规范》（GB 50325—2010）

2. 项目概况

2.1 项目名称：广联达算量大赛专用宿舍楼工程（不可指导施工）
2.3 建筑面积及占地面积：总建筑面积1732.48㎡,基底面积836.24㎡。
2.4 建筑高度及层数：建筑高度为7.650m(按自然地坪计到结构屋面顶板),1~2层为宿舍。
2.5 建筑耐火等级及抗震设防烈度：建筑耐火等级为二级，抗震设防烈度为七度。
2.6 结构类型：框架结构。
2.7 建筑物设计使用年限为五十年，屋面防水等级为Ⅱ级。

3. 设计标高及单位

3.1 室内外地坪高差为0.450m。
3.2 所注各种标高，除注明者外,均为建筑完成面标高；总平面图尺寸单位及标高单位为m，其余图纸尺寸单位为mm。
3.3 ±0.000对应的绝对高程为168.250m。
3.4 地理位置为寒冷地区。

4. 墙体工程

4.1 墙体基础部分详见结施，构造柱位置及做法详见结施，除注明外轴线均居墙中。
4.2 材料与厚度：本工程墙体除特殊注明者外,均为200厚加气混凝土砌块(±0.000标高以下外墙为240厚煤矸石烧结实心砖)。
4.3 墙体留洞
（1） 墙体空调留洞予埋φ90塑料管,位置详见平面图,留洞中心距墙边100~200(躲开结构钢筋)，预留洞距地2800。空调冷凝水立管为φ50塑料管或由雨水管替代。
（2） 配电箱和消火栓留洞：留洞大小和位置详建施和结施，过梁详见结施。
（3） 预留洞的封堵：砌筑墙留洞待管道设备安装完毕后用C20细石混凝土填实。
（4） 墙身防潮层：在室内地坪下约60处做20厚1：2水泥砂浆内掺加5%防水剂的墙身防潮层。

5. 屋面工程

（1）屋面防水等级为Ⅱ级，防水层合理使用年限为15年。
（2）屋1平屋面,做法详见建施-06屋面1做法。
（3）屋2楼梯间屋面,做法详见建施-06屋面2做法。
（4）屋3雨篷屋面,做法详见建施-06屋面3做法。
5.2 屋面排水组织见屋顶平面图，雨水管选用*DN*100硬质UPVC管材，雨篷排水雨水管选用直径80UPVC塑料管，外伸80。

6. 门窗工程

6.1 所有外门窗除注明外，均采用墨绿色塑钢窗，开启扇均加纱扇。外门窗为中空玻璃门窗(厚度5+9A+5)所有门窗的气密性为6级,水密性为3级，抗风压为4级，指标必须符合《建筑外门窗气密、水密、抗风压性能分级及检测方法》（GB/T 7106—2008）的规定。
6.2 门窗立面均表示洞口尺寸，门窗加工尺寸应按照装修面厚度予以调整,门窗制作安装应实测核对各洞口尺寸及各门窗编号与个数，以防止由于设计及构造误差造成安装困难。
6.3 门窗立樘：外门窗立樘除墙身节点图注明者外,其余立樘均居墙中,内门窗立樘除图中另有注明者外,单向平开门立樘与开启方向平
6.4 建筑物的单块面积大于1.5㎡的玻璃及玻璃底边离最终装修面小于900mm的落地窗、建筑物的出入口、门厅等部位均采用安全玻璃，并应遵照《建筑玻璃应用技术规程》（JGJ 113—2015）和《建筑安全玻璃管理规定》（发改运行〔2003〕2116号）及地方主管部门的有关规定。

7. 外装修工程

7.1 外装修用材及色彩详见立面图，外墙及构件的构造做法详见室内外装修表及外墙节点详图和建施-07备注说明。
7.2 外装修选用的各项材料，均由施工单位提供样板和选样，由建设单位和设计单位确认后封样，并据此进行验收。

8. 内装修工程

8.1 内装修工程应满足《建筑内部装修设计防火规范》（GB 50222—1995）及1999年修订条文要求,楼地面部分满足《建筑地面设计规范》（GB 50037—2013）的要求，室内一般装修做法详见室内装修表。
8.2 楼地面构造交接处和地坪高度变化处，除图中另有注明者外均平齐门扇开启面处。卫生间楼地面均做防水层，并做0.5%坡度坡向地漏。
8.5 水、电、暖通专业楼板留洞待设备管线安装完毕后,管道竖井每层用与同层楼板相同材料进行封堵，风井、烟道内侧墙面应随砌（随浇）随抹20厚1：2水泥砂浆，要求内壁平整密实，不透气，以利烟气排放通畅。

9. 油漆涂料工程

9.1 室内装修部分的油漆涂料做法详见《建筑构造统一做法表》。
9.2 木门颜色为乳黄色，所选颜色均应在施工前做出样板，经设计单位和建设单位同意后方可施工。
9.3 凡露明铁件均应先刷防锈漆两道，再用同室内外部位相同颜色的调和漆罩面。
9.4 凡与混凝土或砌块接触的木材表面、预埋木砖均满涂防腐剂。

10. 无障碍设计

10.1 无障碍坡道门内外地面高差为15mm，并以斜面过渡。无障碍坡道栏杆、坡道做法参见详图。
10.2 无障碍居室在宿舍区内集中设置。

11. 建筑防火设计

11.1 建筑类别、耐火等级：本工程为多层宿舍楼，耐火等级为二级。
11.2 防火分区：本工程每层为一个防火区。
11.3 安全疏散：本工程设有两部疏散楼梯，两部楼梯间在顶层屋面连通，楼梯在首层直通室外。
11.4 外墙外保温系统防火要求：保温材料的燃烧性能等级应为不低于A（不燃）级。

建筑楼层信息表

类型 楼层	标高	层高	单位	备注
首层	±0.000	3.6	m	
二层	3.600	3.6	m	
屋顶层	7.200	3.6	m	7.200为结构标高
楼梯屋顶层	10.800	—	m	10.800为结构标高

日期	2017.01	工程名称	广联达专用宿舍楼	图纸名称	建筑设计总说明
图纸编号	建施-01				

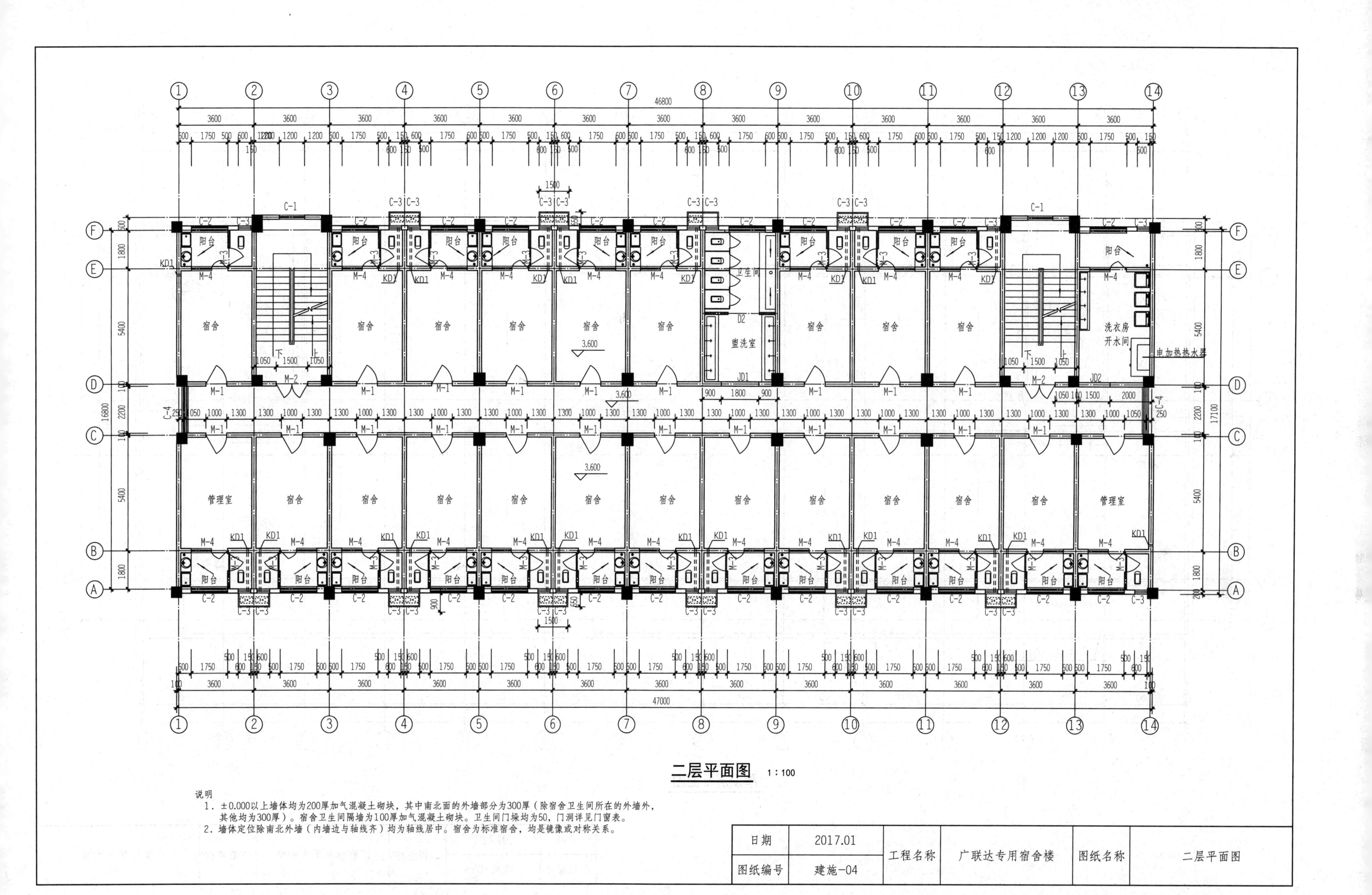

二层平面图 1：100
说明
1. ±0.000以上墙体均为200厚加气混凝土砌块，其中南北面的外墙部分为300厚（除宿舍卫生间所在的外墙外，其他均为300厚）。宿舍卫生间隔墙为100厚加气混凝土砌块。卫生间门垛均为50，门洞详见门窗表。
2. 墙体定位除南北外墙（内墙边与轴线齐）均为轴线居中。宿舍为标准宿舍，均是镜像或对称关系。
日期
2017.01
图纸编号
建施-04
工程名称
广联达专用宿舍楼
图纸名称
二层平面图
宿舍
管理室
阳台
盥洗室
卫生间
洗衣房
开水间
电加热热水器

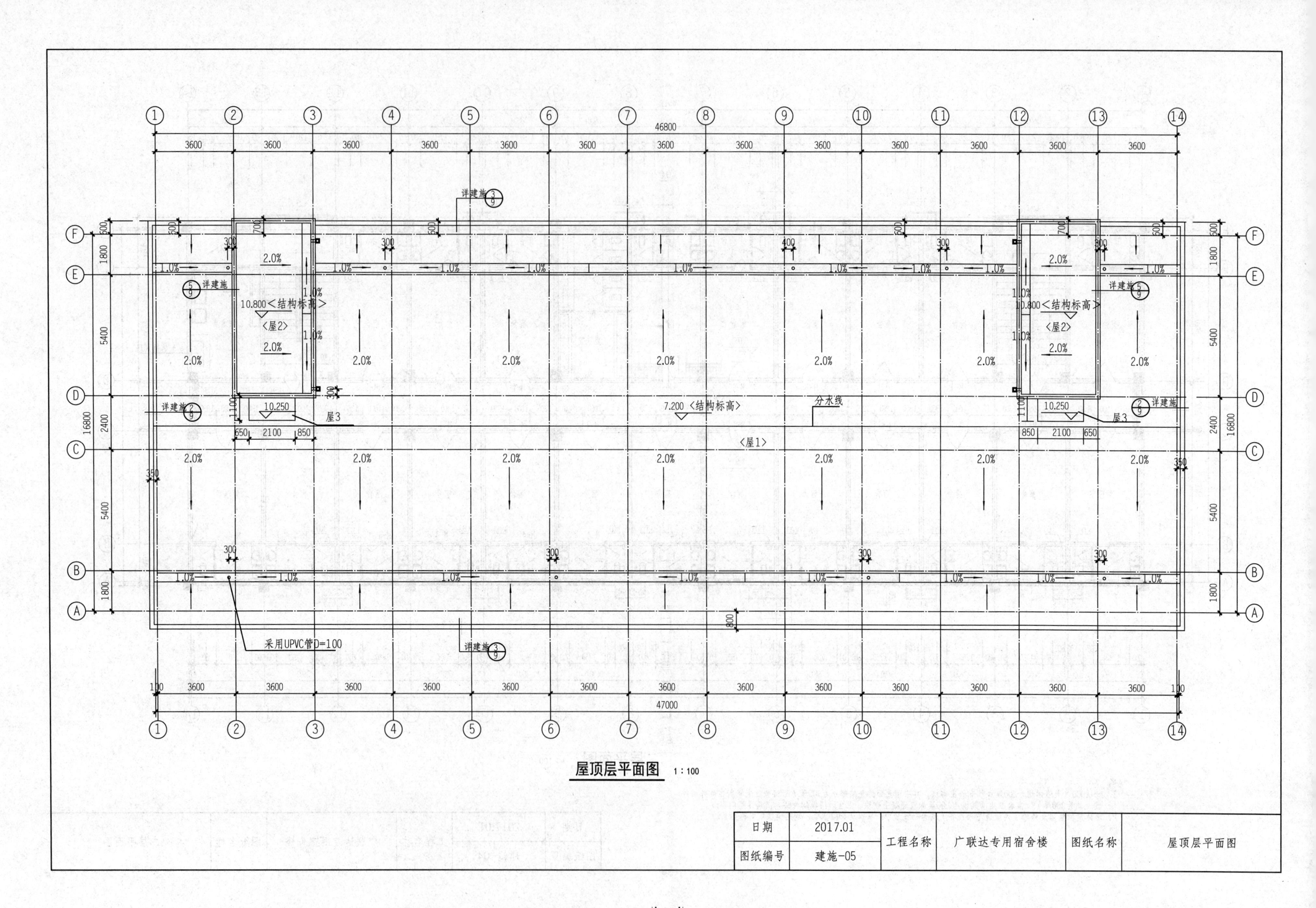

1 2 3 4 5 6 7 8 9 10 11 12 13 14
A B C D E F
46800
47000
3600
16800
5400
2400
1800
2.0%
1.0%
详建施 3/9
详建施 5/9
详建施 2/9
10.800 <结构标高>
<屋2>
10.250
屋3
7.200 <结构标高>
分水线
<屋1>
采用UPVC管D=100
屋顶层平面图 1:100
日期
2017.01
图纸编号
建施-05
工程名称
广联达专用宿舍楼
图纸名称
屋顶层平面图

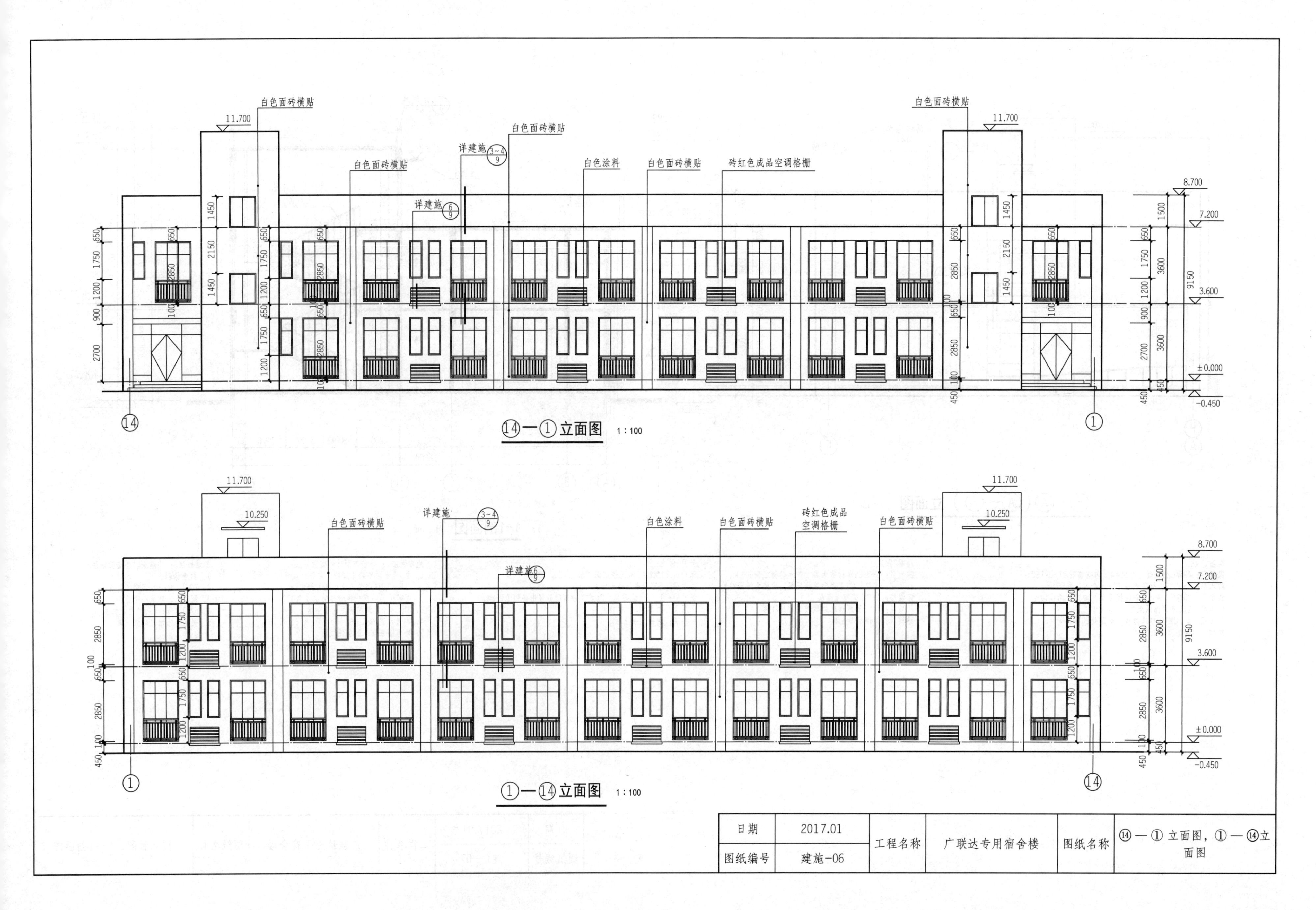

日期	2017.01	工程名称	广联达专用宿舍楼	图纸名称	⑭—①立面图，①—⑭立面图
图纸编号	建施-06				

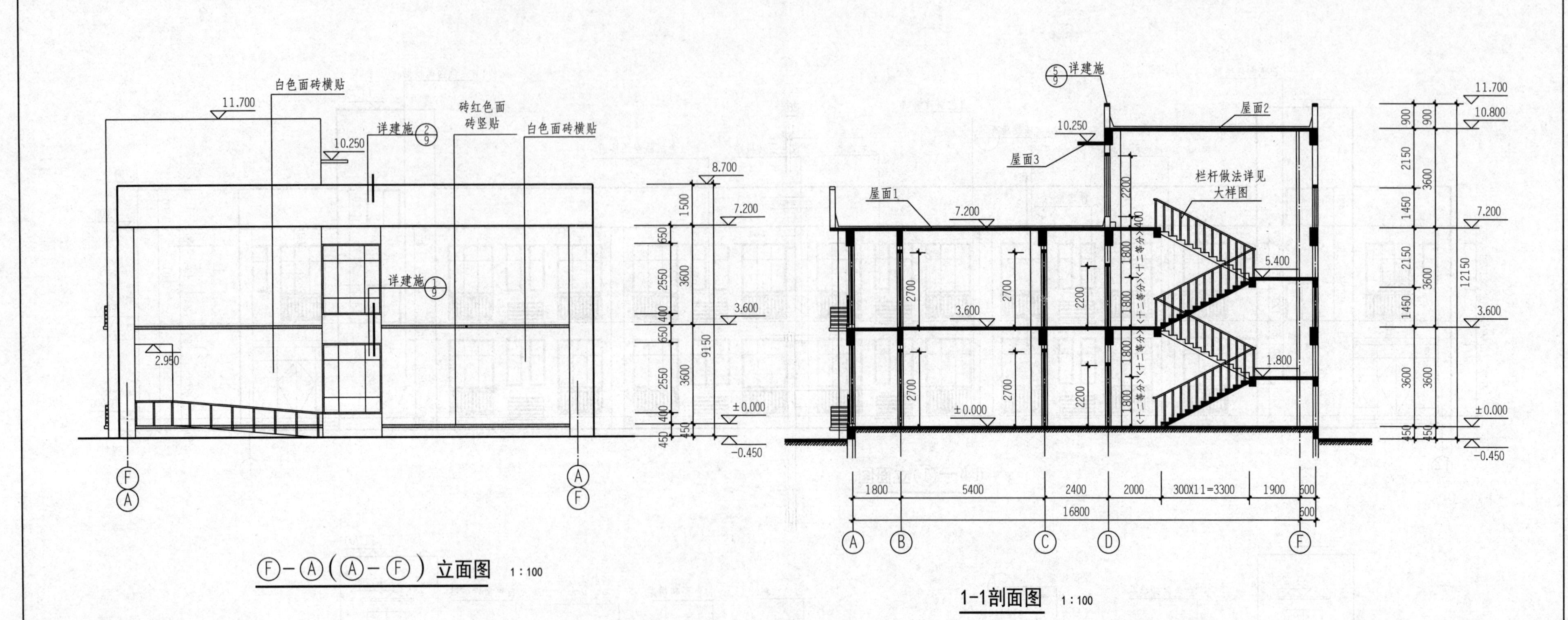

ⓕ-ⓐ（ⓐ-ⓕ）立面图 1：100

1-1剖面图 1：100

屋面1做法:
保护层：40厚C20混凝土内配⌀4双向钢筋网@150x150
防水层：3+3SBS卷材防水层（防水卷材上翻500）
找平层：20厚1：3水泥砂浆找平层，内掺丙烯或锦纶
保温层：160厚岩棉保温层
找坡层：1：8膨胀珍珠岩找坡最薄处20厚
结构层：钢筋混凝土板

屋面2做法:
防水层：3+3SBS卷材防水层（防水卷材上翻500）。
找平层：20厚1：3水泥砂浆找平层，内掺丙烯或锦纶
保温层：160厚岩棉保温层
找坡层：1：8膨胀珍珠岩找坡最薄处20厚
结构层：钢筋混凝土板

屋面3做法:
保护层:20厚1：2水泥砂浆保护层
防水层:1.5厚聚氨酯防水涂膜一道
找平层：1：3水泥砂浆找2%坡（最薄处砂浆中掺锦纶纤维）
保温层：10厚STP-A保温材料
结构层：钢筋混凝土板

外墙做法1：外墙饰面砖外墙面做法
1. 1：1水泥砂浆（细砂）勾缝
2. 贴8~10厚白色（或红色）外墙饰面砖（粘贴前先将墙砖用水浸湿）
3. 8厚1：2建筑胶水泥砂浆粘结层
4. 刷素水泥砂浆一道
5. 外保温系统抹面层完成面

外墙做法2：外墙涂料外墙面做法
1. 白色涂料
2. 12厚1：2.5水泥砂浆打底
3. 刷素水泥砂浆一道
4. 5厚1：3水泥砂浆打底扫毛
5. 刷聚合物水泥砂浆一道

日期	2017.01	工程名称	广联达专用宿舍楼	图纸名称	侧立面图，1—1剖面图
图纸编号	建施-07				

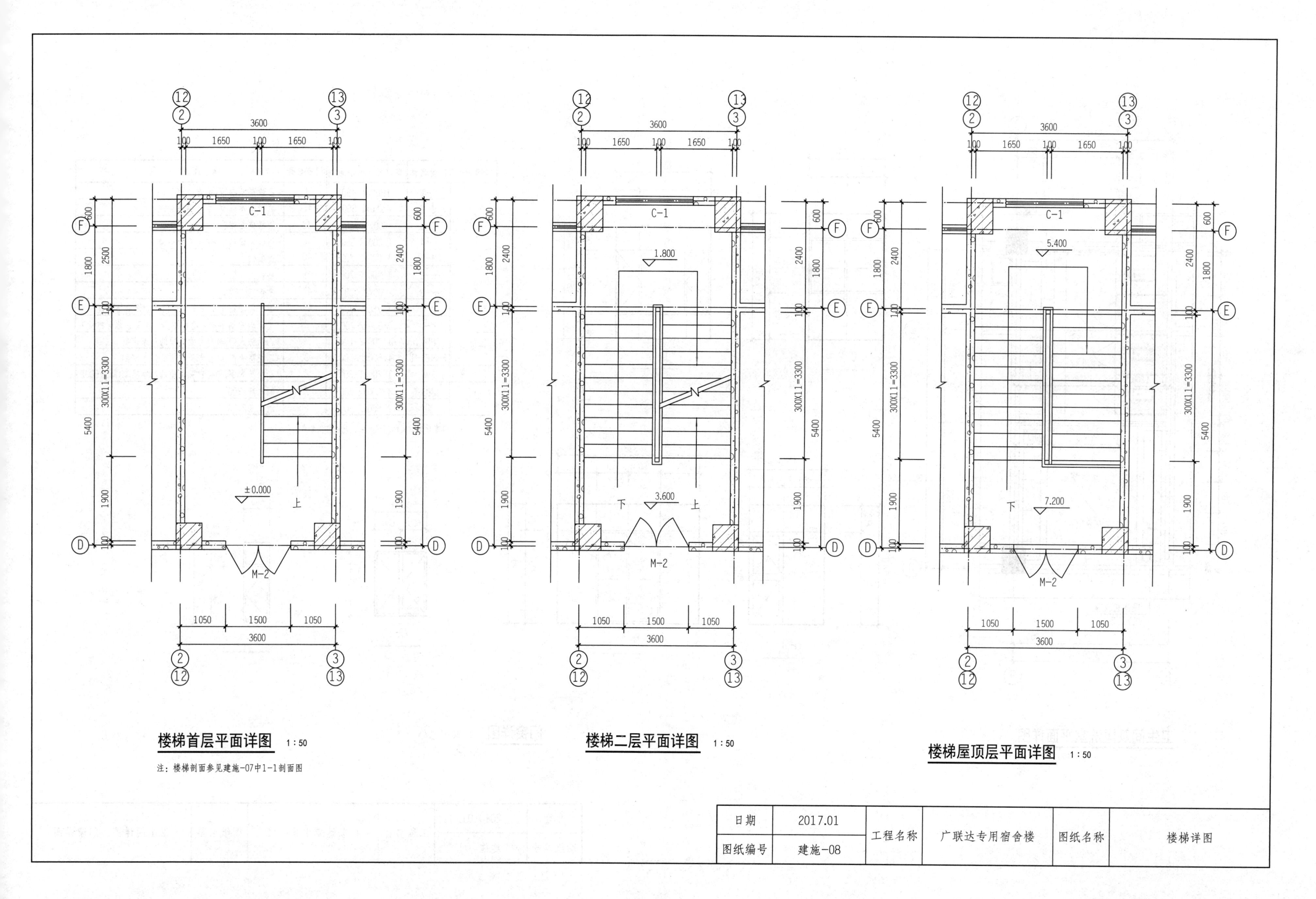

楼梯首层平面详图 1:50
注：楼梯剖面参见建施-07中1-1剖面图
楼梯二层平面详图 1:50
楼梯屋顶层平面详图 1:50
C-1
M-2
±0.000
1.800
3.600
5.400
7.200
上
下
3600
100 1650 100 1650 100
1050 1500 1050
600
2500
2400
1800
100
300X11=3300
5400
1900
日期
2017.01
图纸编号
建施-08
工程名称
广联达专用宿舍楼
图纸名称
楼梯详图

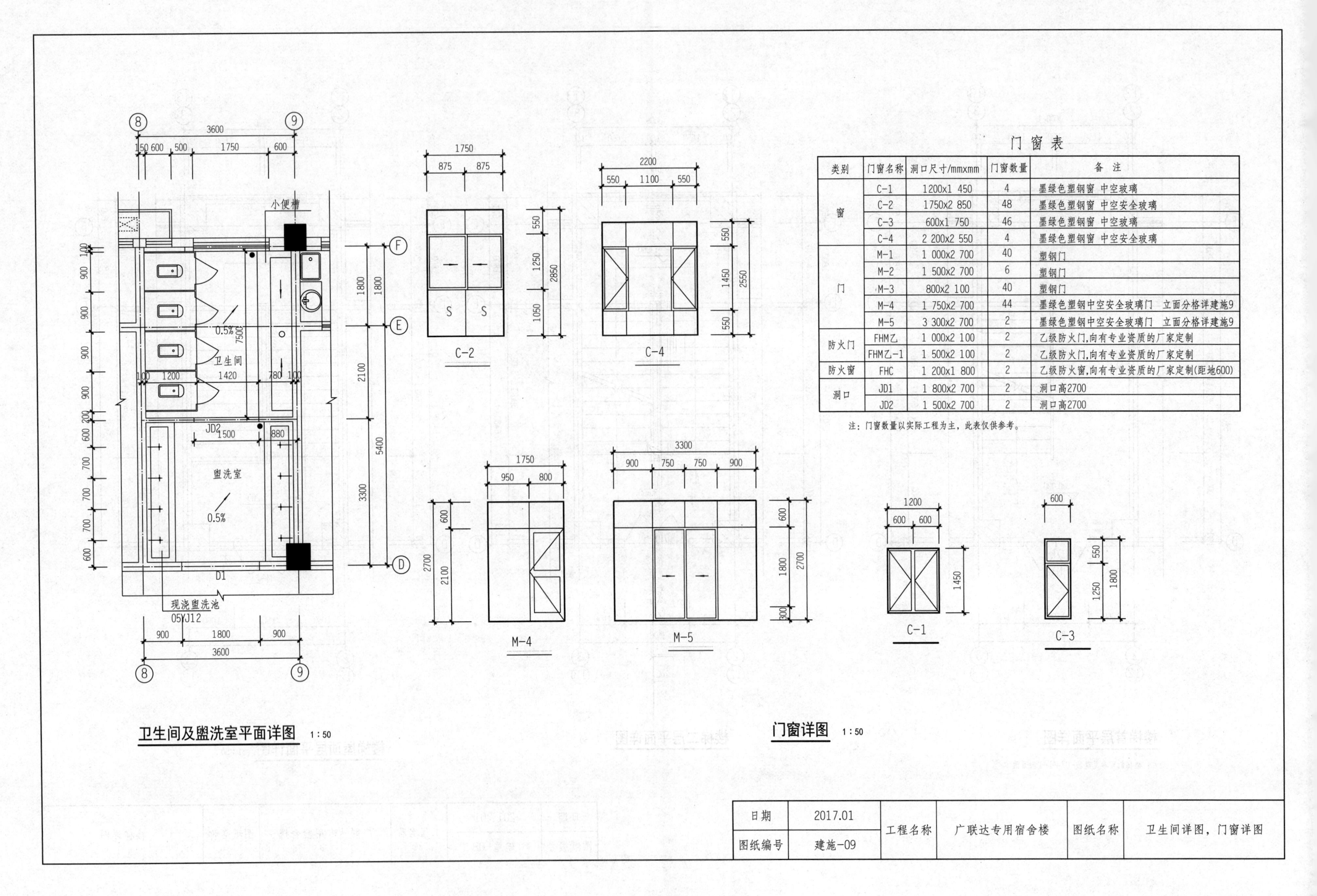

卫生间及盥洗室平面详图 1:50

门窗详图 1:50

门 窗 表

类别	门窗名称	洞口尺寸/mmxmm	门窗数量	备 注
窗	C-1	1200x1 450	4	墨绿色塑钢窗 中空玻璃
	C-2	1750x2 850	48	墨绿色塑钢窗 中空安全玻璃
	C-3	600x1 750	46	墨绿色塑钢窗 中空玻璃
	C-4	2 200x2 550	4	墨绿色塑钢窗 中空安全玻璃
门	M-1	1 000x2 700	40	塑钢门
	M-2	1 500x2 700	6	塑钢门
	M-3	800x2 100	40	塑钢门
	M-4	1 750x2 700	44	墨绿色塑钢中空安全玻璃门 立面分格详建施9
	M-5	3 300x2 700	2	墨绿色塑钢中空安全玻璃门 立面分格详建施9
防火门	FHM乙	1 000x2 100	2	乙级防火门,向有专业资质的厂家定制
	FHM乙-1	1 500x2 100	2	乙级防火门,向有专业资质的厂家定制
防火窗	FHC	1 200x1 800	2	乙级防火窗,向有专业资质的厂家定制(距地600)
洞口	JD1	1 800x2 700	2	洞口高2700
	JD2	1 500x2 700	2	洞口高2700

注：门窗数量以实际工程为主，此表仅供参考。

日期	2017.01	工程名称	广联达专用宿舍楼	图纸名称	卫生间详图，门窗详图
图纸编号	建施-09				

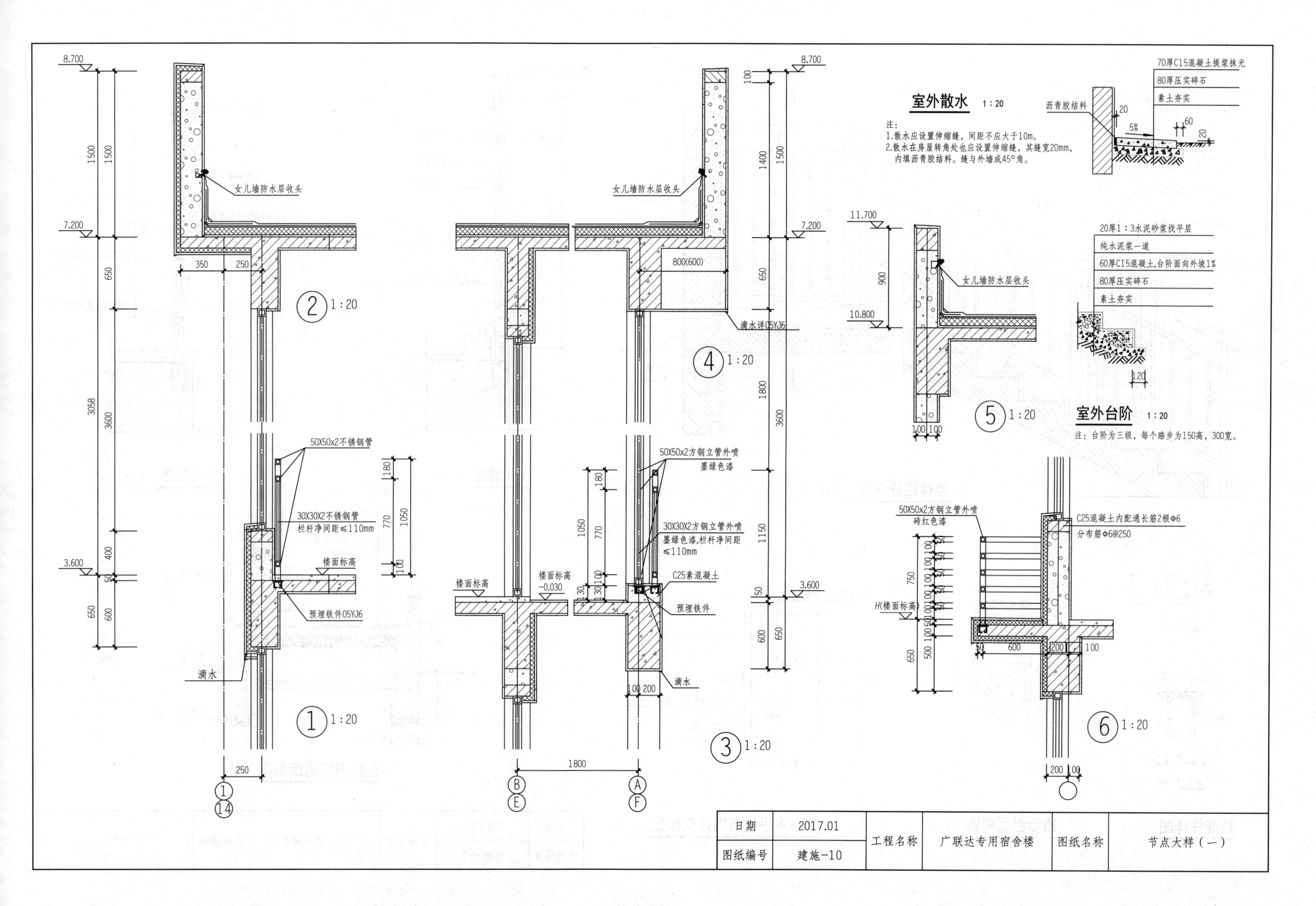

日期	2017.01	工程名称	广联达专用宿舍楼	图纸名称	节点大样（一）
图纸编号	建施-10				

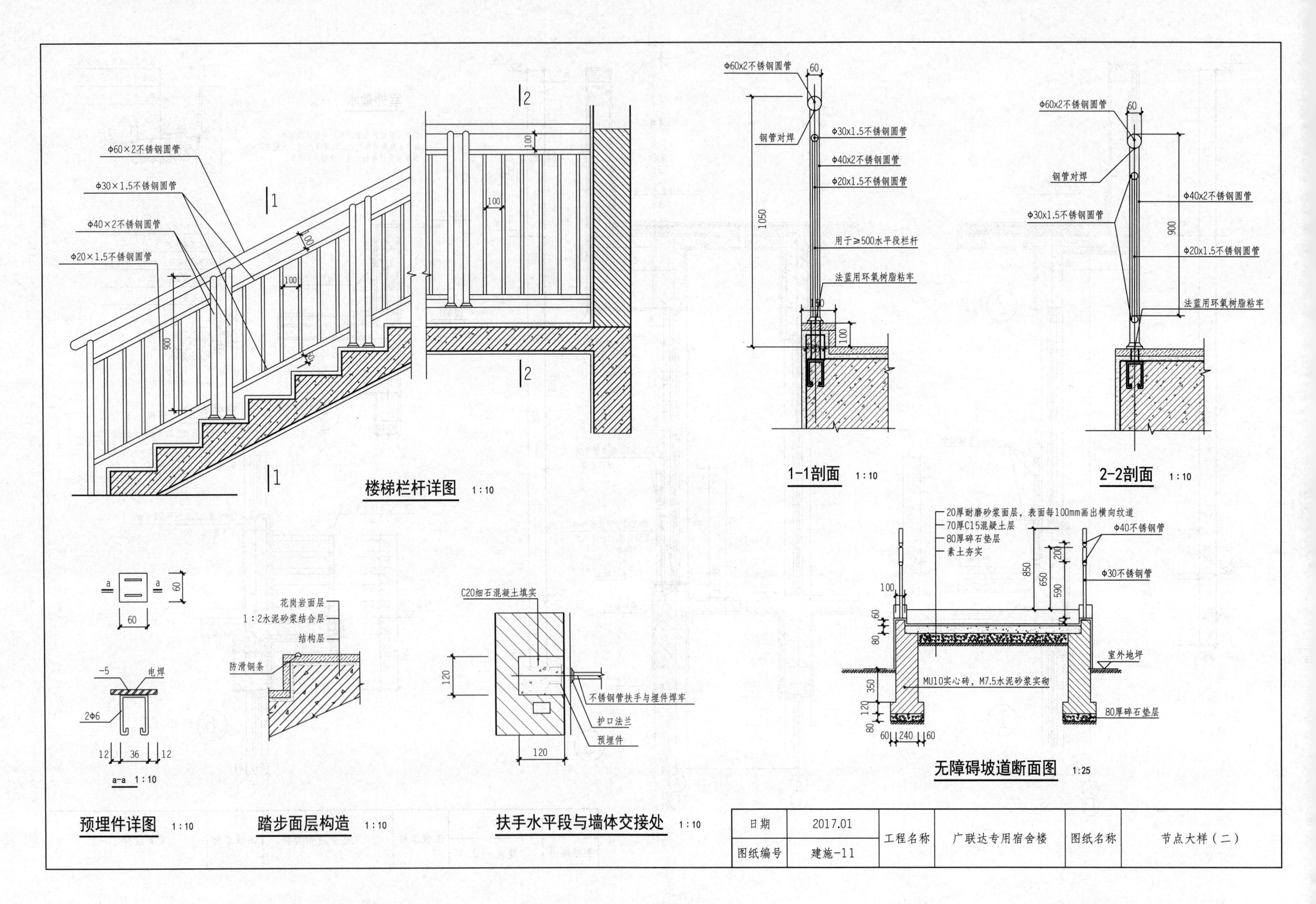
Φ60×2不锈钢圆管
Φ30×1.5不锈钢圆管
Φ40×2不锈钢圆管
Φ20×1.5不锈钢圆管
100
900
80
楼梯栏杆详图 1:10
Φ60x2不锈钢圆管
钢管对焊
Φ30x1.5不锈钢圆管
Φ40x2不锈钢圆管
Φ20x1.5不锈钢圆管
用于≥500水平段栏杆
法蓝用环氧树脂粘牢
1050
150
1-1剖面 1:10
2-2剖面 1:10
20厚耐磨砂浆面层，表面每100mm画出横向纹道
70厚C15混凝土层
80厚碎石垫层
素土夯实
Φ40不锈钢管
Φ30不锈钢管
室外地坪
MU10实心砖，M7.5水泥砂浆实砌
80厚碎石垫层
850
650
590
200
350
240
无障碍坡道断面图 1:25
-5
电焊
2Φ6
a-a 1:10
花岗岩面层
1:2水泥砂浆结合层
结构层
防滑铜条
C20细石混凝土填实
不锈钢管扶手与埋件焊牢
护口法兰
预埋件
120
预埋件详图 1:10
踏步面层构造 1:10
扶手水平段与墙体交接处 1:10
日期
2017.01
工程名称
广联达专用宿舍楼
图纸名称
节点大样（二）
图纸编号
建施-11

结 构 设 计 总 说 明

一、工程概况

1. 本工程为广联达算量大赛专用宿舍楼工程（不可指导施工）。
2. 本工程地上主体共2层。屋面标高为7.200，室内外高差0.45 m。
3. 本工程设计±0.000标高所对应的绝对高程详建施。
4. 本工程采用现浇钢筋混凝土框架结构，基础为钢筋混凝土基础。

二、设计依据

1. 广联达软件股份有限公司相关主管部门的审批文件。
2.《建筑结构可靠度设计统一标准》(GB 50068-2001)
《建筑抗震设防分类标准》(GB 50223-2008)
《建筑抗震设计规范》(GB 50011-2010)
《建筑结构荷载规范》(GB 50009-2012)
《混凝土结构设计规范》(GB 50007-2010)
《建筑地基基础设计规范》(GB 50011-2011)
《建筑地基处理技术规范》(JGJ 79-2012)
《全国民用建筑工程设计技术措施（结构）》(建质[2003]4号)
《建筑变形测量规程》(JGJ/T 8-2007)

本工程按国家设计标准进行设计，施工时除应遵守本说明及各设计图纸说明外,尚应严格执行现行国家及地方的有关规范或规程。

3. 计算程序：采用中国建研院CAD工程部研制的PKPM系列软件（2011.04）进行计算。

三、设计标准

1. 本工程设计使用年限为50年。
2. 本工程建筑结构安全等级为二级，本工程建筑抗震设防分类属乙类建筑。
3. 建筑抗震设防烈度为7度，设计基本地震加速度值为0.10g，所属的设计地震分组为第二组。结构抗震等级为三级，抗震构造措施为二级。
4. 地基基础设计等级为乙级。
5. 砌体填充墙施工质量控制等级为B级。
6. 本工程设计环境类别：室内正常环境为一类；卫生间、水箱间等室内潮湿环境为二a类；基础、室外外露构件、地下室外墙、有覆土的地下室顶板等直接与土或无侵蚀的水直接接触的部分为二b类环境。相应环境类别下梁、板、柱、剪力墙及基础等各构件的混凝土保护层厚度详本说明第七项。

四、基本设计参数

1. 楼面设计使用活荷载标准值：
宿舍（除阳台）：2.00kN/m²
走廊、阳台：2.50kN/m²
公共楼梯（按有密集人流）：3.50kN/m²
2. 屋面设计使用活荷载标准值：
上人屋面：2.00kN/m²
不上人屋面：0.50kN/m²
3. 基本风压（按50年基准期，地面粗糙度为B类）：0.45kN/m²
4. 基本雪压：0.40kN/m²
5. 阳台、露台、楼梯及上人屋面栏杆顶部水平活荷载：1.0kN/m²
6. 屋顶电梯吊钩的设计荷载：30kN。
7. 施工或检修集中荷载：1.0kN(应在最不利位置处进行演算)

五、地基与基础工程

1. 本工程场地地貌单元为山前冲洪积倾斜平原，地势平坦。
2. 本工程基础为阶形独立基础，具体设计详基础平面图。
3. 本工程勘查范围内（40.0m）未见地下水。

六、建筑材料

1. 混凝土强度等级(表1)

表1 混凝土强度等级

构件类型	混凝土强度等级
基础垫层	C15
基础、框架柱、结构梁板、楼梯	C30
构造柱、过梁、圈梁	C25

2. 钢筋

2.1 HPB300(Φ),f_y=270N/mm²；HRB335(Φ)，f_y=300N/mm²；HRB400(Φ)，f_y=360N/mm²；本工程中均无特殊说明外均采用HRB400级钢筋。

2.2 型钢及钢板，除注明外均为Q235B。焊接用焊条及焊接要求均应符合《钢筋焊接及验收规范》(JGJ 18-2012)的规定。

2.3 吊钩、吊环均应采用HPB300钢筋，不得采用冷加工钢筋。

2.4 本工程框架中的纵向受力钢筋的抗拉强度实测值与屈服强度实测值的比值不应小于1.25，且屈服强度实测值与强度标准值的比值不应大于1.3。

2.5 钢筋在最大拉力下的总伸长率实测值不应小于9%。

3. 填充墙

3.1 砌块：±0.000以上采用加气混凝土砌块(体积密度级别为B06，强度级别为A3.5)，±0.000以下采用烧结煤矸石实心砖。

3.2 砂浆：地面以下及卫生间四周砌体砂浆为M5水泥砂浆，其他均为M5混合砂浆。

七、通用性构造措施

1. 纵向受力钢筋混凝土保护层厚度：
基础受力钢筋保护层50mm,其他参见表2。

表2 混凝土保护层厚度

环境类别		板、墙		梁		柱	
		C20	C25～C45	C20	C25～C45	C20	C25～C45
一		20	15	30	25	30	30
二	a	—	20	—	30	—	30
	b	—	25	—	35	—	35

注：保护层厚度尚不应小于相应构件受力钢筋的公称直径；板、墙中分布筋保护层厚度按上表减10mm，且不应小于10mm；柱中箍筋不应小于15mm；基础中受力钢筋，除地下室筏板及防水底板的迎水面为50mm外，其他有垫层时为40mm，无垫层时为70mm。

2. 关于钢筋锚固连接

（1）钢筋的接头设置在构件受力较小部位宜避开梁端、柱端箍筋加密区范围。钢筋连接可采用机械连接、绑扎搭接或焊接。其接头的类型及质量应符合国家现行有关标准的规定。

（2）板内钢筋优先采用搭接接头；梁柱纵筋优先采用机械连接接头，机械连接接头性能等级为Ⅱ级。

（3）钢筋直径不小于22mm时，应采用机械连接或焊接。

3. 板构造要求

3.1 板配筋图中，板负筋的表示方法见板配筋图。

3.2 板的底部钢筋伸入支座长度应≥5d，且应伸至支座中心线。当板面高差≤30mm时，板负筋可在支座范围内按1：6弯折连通；当板面高差＞30mm时,板负筋应在支座处断开并各自锚固。

3.3 双向板的底部钢筋，短跨钢筋置于下排，长跨钢筋置于上排。跨度大于4.0m的板施工时应按规范要求起拱。

3.4 现浇板负筋的分布筋：当受力钢筋直径＜12时，为Φ6@250；当受力钢筋直径≥12时为Φ8@250。

3.5 当板底与梁底平时，板的下部钢筋伸入梁内须弯折后置于梁的下部纵向钢筋上。

3.6 混凝土现浇板内需预埋管道时,其管道应位于板厚度中部1/3范围内，以防止因埋管造成的混凝土现浇板裂缝。当板内埋管处板面没有钢筋时，应沿埋管方向增设450宽Φ6@150钢筋网片。

3.7 对于外露的现浇钢筋混凝土女儿墙、挂板、栏板、檐口等构件，当其水平直线长度超过12m时，设分隔缝一道（水平钢筋不得截断），缝宽20mm，用油膏做嵌缝处理。

3.8 悬挑板悬挑阳角放射筋，除注明外，放射筋直径取两方向受力钢筋的最大值，放射筋最宽处间距不大于两方向受力钢筋较小间距的2倍。悬挑板阴角附加筋为3Φ10。

3.9 填充墙砌于板上时，该处板底应设加强筋，图中未注明的，当板跨度不大于2.50m时设2Φ12，当板跨大于2.50m且小于4.80m时设3Φ12。加强筋应锚固于两端支座内。

4. 梁、柱构造要求

4.1 主次梁高度相同时(基础梁除外)，次梁下部纵筋置于主梁下部纵筋之上，详见二层梁配筋图。

4.2 主次梁相交处均应在主梁上（次梁两侧）设置附加箍筋，未注明附加箍筋为每边3根，间距50，直径、肢数同梁箍筋。高度相同的次梁相交时，附加箍筋双向设置。

4.3 梁与等宽剪力墙连接时，纵筋应弯折伸入墙内。

4.4 对跨度不小于4m的现浇钢筋混凝土梁施工时按有关规程要求施工起拱。

5. 预留洞（预埋套管）构造要求

5.1 现浇板开洞不大于300mm时，受力钢筋应绕过洞口；开洞大于300mm但不大于1000mm时，应设补强钢筋，规格见相应图纸。各设备管井(除风道外)在楼层处，板内配筋不得截断，待设备及管线安装完毕后采用同强度等级混凝土浇筑。

5.2 混凝土墙上开洞不大于200mm(边长或直径)时，受力钢筋应绕过洞口。

5.3 梁上穿梁套管构造大样详图一。水电等设备管道竖直埋设在梁内时，埋管沿梁长度方向单列布置时，管外径$d<b/6$；双列布置时，$d<b/12$；埋管最大直径$d≤50$，构造大样详见图二。

5.4 墙、梁上穿洞时均需预埋钢套管，套管壁厚不得小于6mm。所有预埋钢套管之间的净距不得小于一个管径且不小于150mm。

5.5 混凝土结构施工前应对各类预埋管线、预留洞、预埋件位置与各专业图纸加以校对，认真检查核对,并由设备施工安装人员验收后方可施工。结施中未注明位置、标高及数量的预留洞应参考设施图，并经结构专业同意后方可施工，不得随意预留和事后穿凿。

6. 填充墙

6.1 各类填充墙与混凝土柱、墙间均设置Φ6@500锚拉筋,锚拉筋伸入墙内长度不小于墙长的1/5且不小于700。当填充墙高度超过4m时，应在填充墙高度的中部或门窗洞口顶部设置截面尺寸为墙厚X墙厚，并与混凝土柱连接的通长钢筋混凝土水平系梁，主筋4Φ10，箍筋Φ6@200。

6.2 构造柱：填充墙构造柱除各层平面图所示外，悬墙端头位置、外墙转角（无剪力处）位置、墙长超过层高2倍的墙中位置均增加构造柱，构造柱截面尺寸为墙厚X200，主筋为4Φ10，箍筋为Φ6@200，详见图三。

6.3 过梁：门窗洞口均设置过梁，过梁应与构造柱浇为一体。过梁遇混凝土墙、柱时改为现浇，过梁钢筋应预留，详见图四。

八、其他

1. 栏杆、建筑构件预埋件详建施。
2. 本工程边缘构件及基础的部分钢筋为防雷接地的引下线及接地极，具体位置及要求详见电施。
3. 图纸中除注明者外，尺寸单位为mm、标高单位为m。
4. 图纸中未尽事宜，均按国家现行有关规范、规程要求。

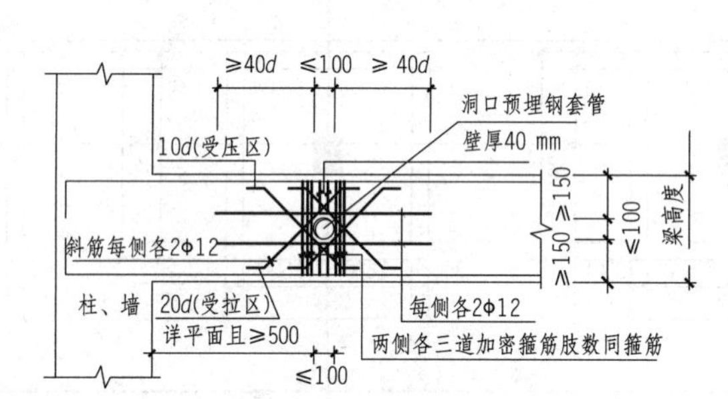

图一 穿梁套管加强大样

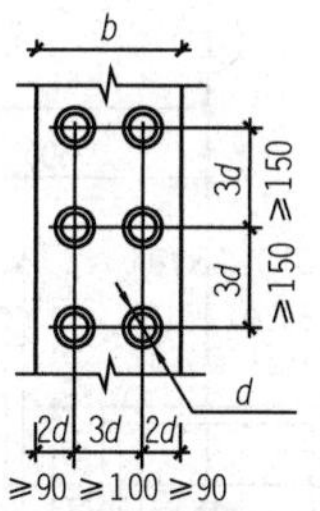

图二梁上垂直埋管间距平面图

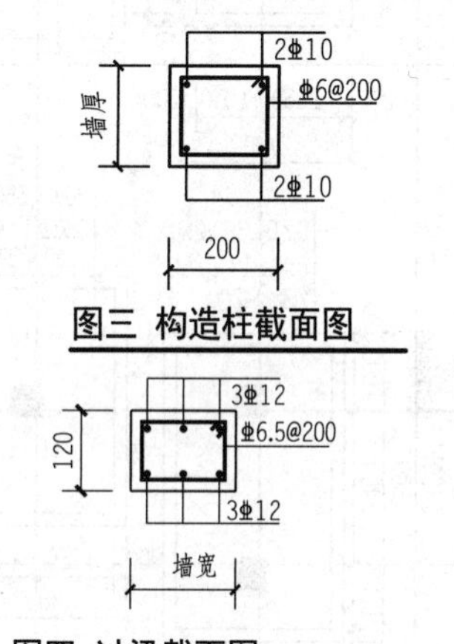

图三 构造柱截面图

图四 过梁截面图

梁长=洞宽+250
梁宽同墙宽过梁配筋

结构楼层信息表

楼层＼类型	标高	结构层高	单位	备注
首层	-0.050	3.600	m	-0.050为梁顶标高
二层	3.550	3.650	m	
屋顶层	7.200	3.600	m	
楼梯屋顶层	10.800			

日期	2017.01	工程名称	广联达专用宿舍楼	图纸名称	结构设计总说明
图纸编号	结施-01				

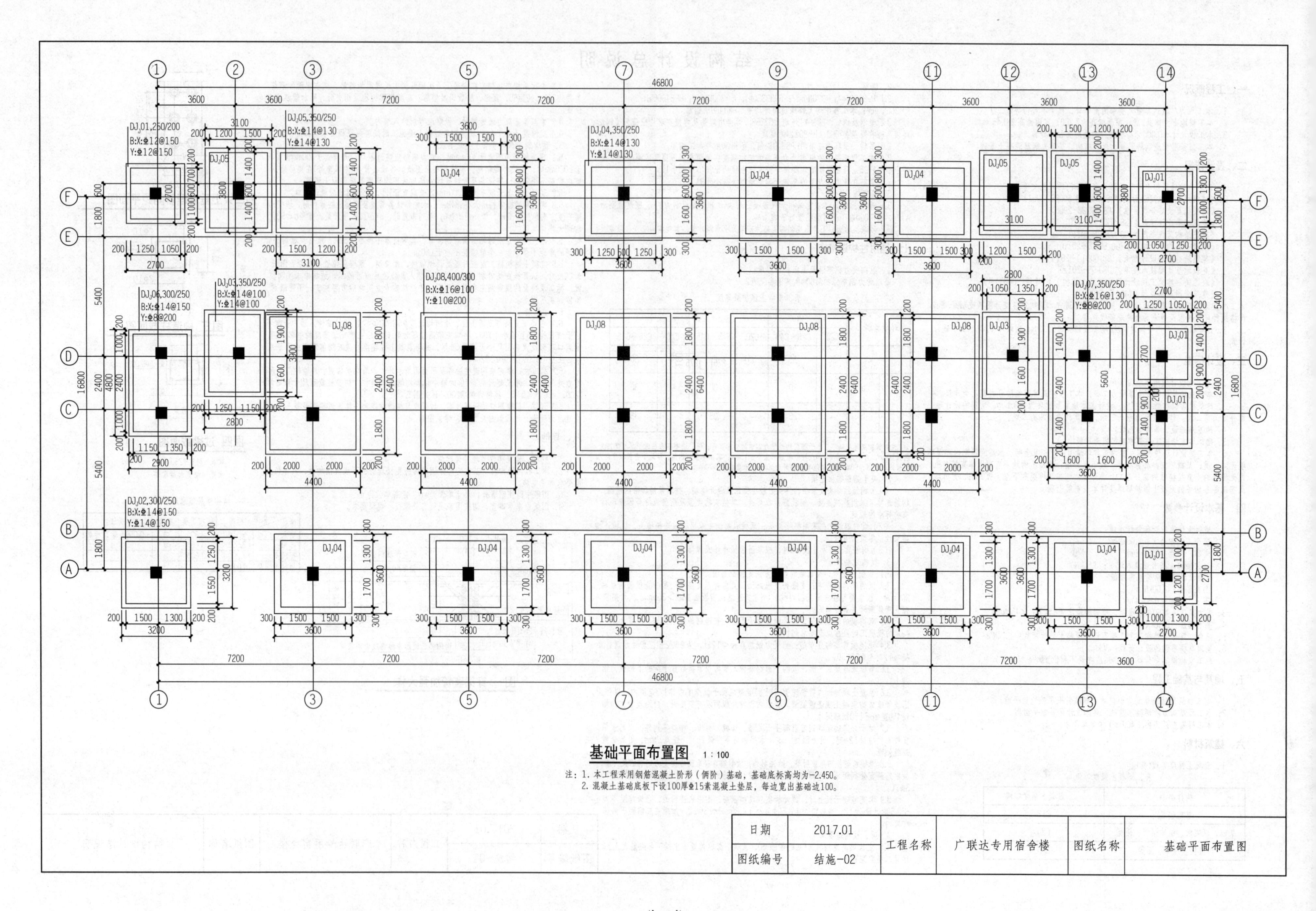

DJJ01,250/200
B:X:⌀12@150
Y:⌀12@150
DJJ05,350/250
B:X:⌀14@130
Y:⌀14@130
DJJ04,350/250
B:X:⌀14@130
Y:⌀14@130
DJJ06,300/250
B:X:⌀14@150
Y:⌀8@200
DJJ03,350/250
B:X:⌀14@100
Y:⌀14@100
DJJ08,400/300
B:X:⌀16@100
Y:⌀10@200
DJJ07,350/250
B:X:⌀16@130
Y:⌀8@200
DJJ02,300/250
B:X:⌀14@150
Y:⌀14@150
46800
基础平面布置图 1：100
注：1. 本工程采用钢筋混凝土阶形（倆阶）基础，基础底标高均为-2.450。
2. 混凝土基础底板下设100厚⌀15素混凝土垫层，每边宽出基础边100。
日期
2017.01
图纸编号
结施-02
工程名称
广联达专用宿舍楼
图纸名称
基础平面布置图

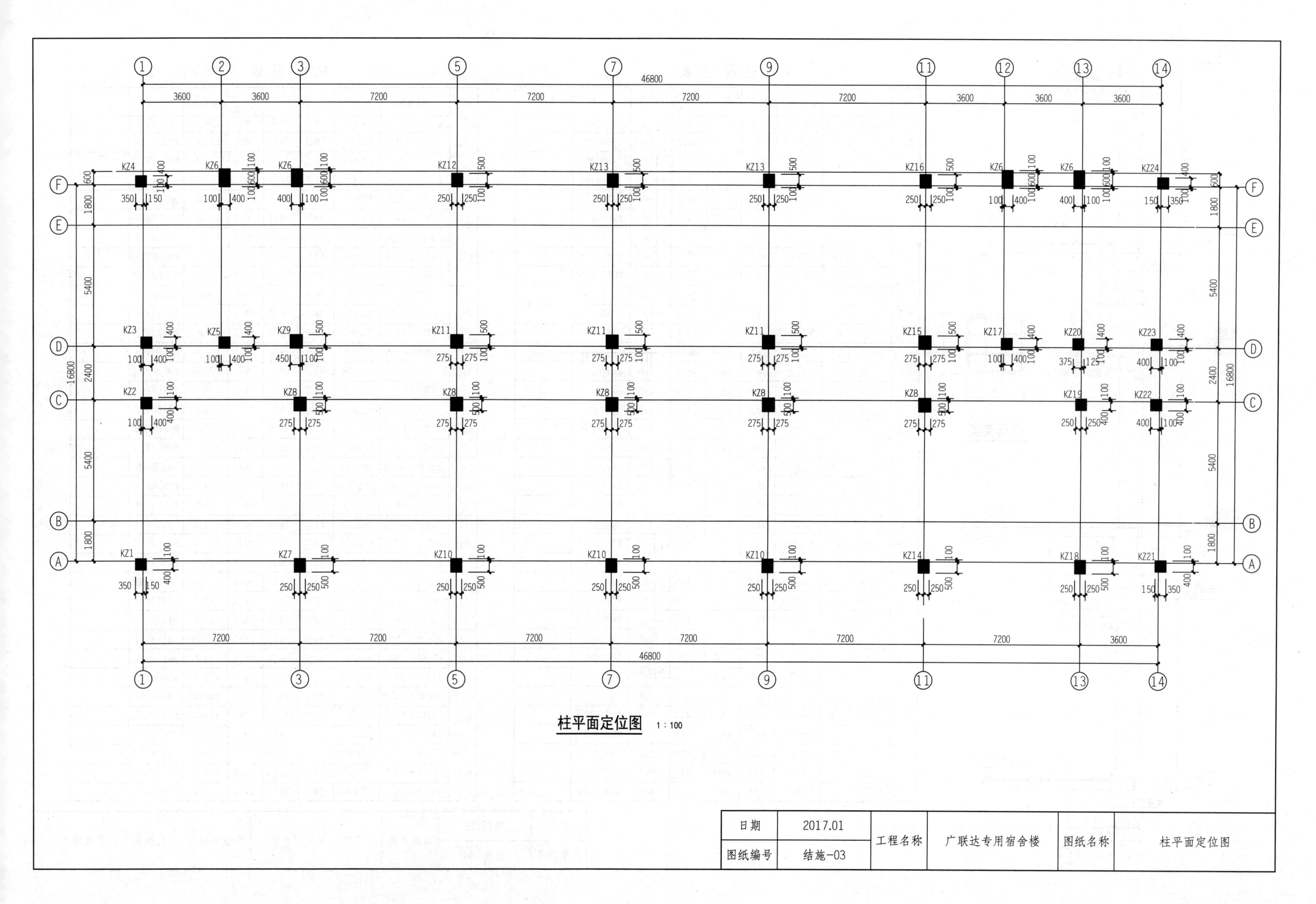
柱平面定位图 1:100
日期
2017.01
图纸编号
结施-03
工程名称
广联达专用宿舍楼
图纸名称
柱平面定位图

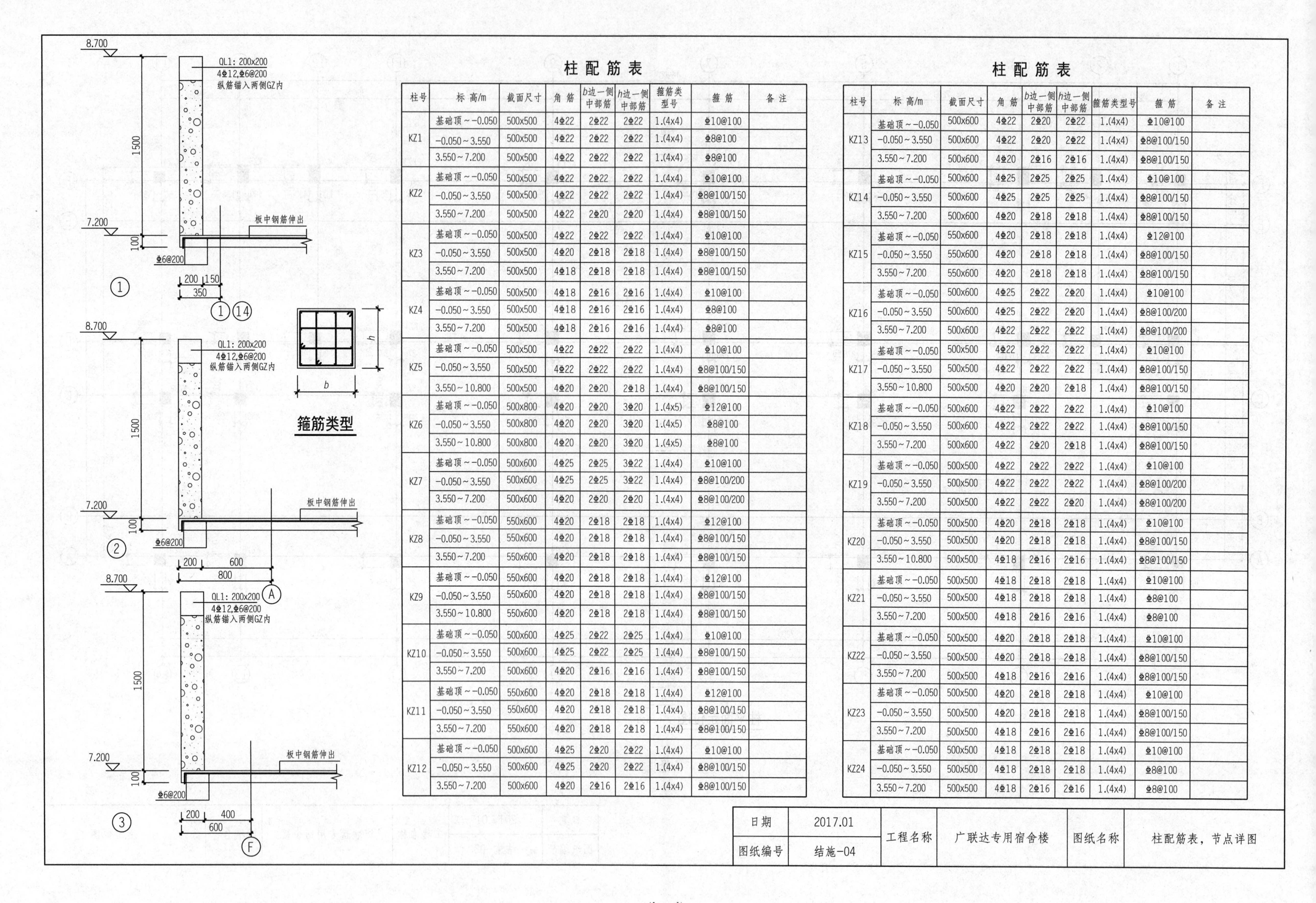

柱配筋表

柱号	标高/m	截面尺寸	角筋	b边一侧中部筋	h边一侧中部筋	箍筋类型号	箍筋	备注
KZ1	基础顶～-0.050	500x500	4Φ22	2Φ22	2Φ22	1.(4x4)	Φ10@100	
	-0.050～3.550	500x500	4Φ22	2Φ22	2Φ22	1.(4x4)	Φ8@100	
	3.550～7.200	500x500	4Φ22	2Φ22	2Φ22	1.(4x4)	Φ8@100	
KZ2	基础顶～-0.050	500x500	4Φ22	2Φ22	2Φ22	1.(4x4)	Φ10@100	
	-0.050～3.550	500x500	4Φ22	2Φ22	2Φ22	1.(4x4)	Φ8@100/150	
	3.550～7.200	500x500	4Φ22	2Φ20	2Φ20	1.(4x4)	Φ8@100/150	
KZ3	基础顶～-0.050	500x500	4Φ22	2Φ22	2Φ22	1.(4x4)	Φ10@100	
	-0.050～3.550	500x500	4Φ20	2Φ18	2Φ18	1.(4x4)	Φ8@100/150	
	3.550～7.200	500x500	4Φ18	2Φ18	2Φ18	1.(4x4)	Φ8@100/150	
KZ4	基础顶～-0.050	500x500	4Φ18	2Φ16	2Φ16	1.(4x4)	Φ10@100	
	-0.050～3.550	500x500	4Φ18	2Φ16	2Φ16	1.(4x4)	Φ8@100	
	3.550～7.200	500x500	4Φ18	2Φ16	2Φ16	1.(4x4)	Φ8@100	
KZ5	基础顶～-0.050	500x500	4Φ22	2Φ22	2Φ22	1.(4x4)	Φ10@100	
	-0.050～3.550	500x500	4Φ22	2Φ22	2Φ22	1.(4x4)	Φ8@100/150	
	3.550～10.800	500x500	4Φ20	2Φ20	2Φ18	1.(4x4)	Φ8@100/150	
KZ6	基础顶～-0.050	500x800	4Φ20	2Φ20	3Φ20	1.(4x5)	Φ12@100	
	-0.050～3.550	500x800	4Φ20	2Φ20	3Φ20	1.(4x5)	Φ8@100	
	3.550～10.800	500x800	4Φ20	2Φ20	3Φ20	1.(4x5)	Φ8@100	
KZ7	基础顶～-0.050	500x600	4Φ25	2Φ25	3Φ22	1.(4x4)	Φ10@100	
	-0.050～3.550	500x600	4Φ25	2Φ25	3Φ22	1.(4x4)	Φ8@100/200	
	3.550～7.200	500x600	4Φ20	2Φ20	2Φ20	1.(4x4)	Φ8@100/200	
KZ8	基础顶～-0.050	550x600	4Φ20	2Φ18	2Φ18	1.(4x4)	Φ12@100	
	-0.050～3.550	550x600	4Φ20	2Φ18	2Φ18	1.(4x4)	Φ8@100/150	
	3.550～7.200	550x600	4Φ20	2Φ18	2Φ18	1.(4x4)	Φ8@100/150	
KZ9	基础顶～-0.050	550x600	4Φ20	2Φ18	2Φ18	1.(4x4)	Φ12@100	
	-0.050～3.550	550x600	4Φ20	2Φ18	2Φ18	1.(4x4)	Φ8@100/150	
	3.550～10.800	550x600	4Φ20	2Φ18	2Φ18	1.(4x4)	Φ8@100/150	
KZ10	基础顶～-0.050	500x600	4Φ25	2Φ22	2Φ25	1.(4x4)	Φ10@100	
	-0.050～3.550	500x600	4Φ25	2Φ22	2Φ25	1.(4x4)	Φ8@100/150	
	3.550～7.200	500x600	4Φ20	2Φ16	2Φ16	1.(4x4)	Φ8@100/150	
KZ11	基础顶～-0.050	550x600	4Φ20	2Φ18	2Φ18	1.(4x4)	Φ12@100	
	-0.050～3.550	550x600	4Φ20	2Φ18	2Φ18	1.(4x4)	Φ8@100/150	
	3.550～7.200	550x600	4Φ20	2Φ18	2Φ18	1.(4x4)	Φ8@100/150	
KZ12	基础顶～-0.050	500x600	4Φ25	2Φ20	2Φ22	1.(4x4)	Φ10@100	
	-0.050～3.550	500x600	4Φ25	2Φ20	2Φ22	1.(4x4)	Φ8@100/150	
	3.550～7.200	500x600	4Φ20	2Φ16	2Φ16	1.(4x4)	Φ8@100/150	

柱配筋表

柱号	标高/m	截面尺寸	角筋	b边一侧中部筋	h边一侧中部筋	箍筋类型号	箍筋	备注
KZ13	基础顶～-0.050	500x600	4Φ22	2Φ20	2Φ22	1.(4x4)	Φ10@100	
	-0.050～3.550	500x600	4Φ22	2Φ20	2Φ22	1.(4x4)	Φ8@100/150	
	3.550～7.200	500x600	4Φ20	2Φ16	2Φ16	1.(4x4)	Φ8@100/150	
KZ14	基础顶～-0.050	500x600	4Φ25	2Φ25	2Φ25	1.(4x4)	Φ10@100	
	-0.050～3.550	500x600	4Φ25	2Φ25	2Φ25	1.(4x4)	Φ8@100/150	
	3.550～7.200	500x600	4Φ20	2Φ18	2Φ18	1.(4x4)	Φ8@100/150	
KZ15	基础顶～-0.050	550x600	4Φ20	2Φ18	2Φ18	1.(4x4)	Φ12@100	
	-0.050～3.550	550x600	4Φ20	2Φ18	2Φ18	1.(4x4)	Φ8@100/150	
	3.550～7.200	550x600	4Φ20	2Φ18	2Φ18	1.(4x4)	Φ8@100/150	
KZ16	基础顶～-0.050	500x600	4Φ25	2Φ22	2Φ20	1.(4x4)	Φ10@100	
	-0.050～3.550	500x600	4Φ25	2Φ22	2Φ20	1.(4x4)	Φ8@100/200	
	3.550～7.200	500x600	4Φ22	2Φ22	2Φ22	1.(4x4)	Φ8@100/200	
KZ17	基础顶～-0.050	500x500	4Φ22	2Φ22	2Φ22	1.(4x4)	Φ10@100	
	-0.050～3.550	500x500	4Φ22	2Φ22	2Φ22	1.(4x4)	Φ8@100/150	
	3.550～10.800	500x500	4Φ20	2Φ20	2Φ18	1.(4x4)	Φ8@100/150	
KZ18	基础顶～-0.050	500x600	4Φ22	2Φ22	2Φ22	1.(4x4)	Φ10@100	
	-0.050～3.550	500x600	4Φ22	2Φ22	2Φ22	1.(4x4)	Φ8@100/150	
	3.550～7.200	500x600	4Φ22	2Φ20	2Φ18	1.(4x4)	Φ8@100/150	
KZ19	基础顶～-0.050	500x500	4Φ22	2Φ22	2Φ22	1.(4x4)	Φ10@100	
	-0.050～3.550	500x500	4Φ22	2Φ22	2Φ22	1.(4x4)	Φ8@100/200	
	3.550～7.200	500x500	4Φ22	2Φ22	2Φ20	1.(4x4)	Φ8@100/200	
KZ20	基础顶～-0.050	500x500	4Φ20	2Φ18	2Φ18	1.(4x4)	Φ10@100	
	-0.050～3.550	500x500	4Φ20	2Φ18	2Φ18	1.(4x4)	Φ8@100/150	
	3.550～10.800	500x500	4Φ18	2Φ16	2Φ16	1.(4x4)	Φ8@100/150	
KZ21	基础顶～-0.050	500x500	4Φ18	2Φ18	2Φ18	1.(4x4)	Φ10@100	
	-0.050～3.550	500x500	4Φ18	2Φ18	2Φ18	1.(4x4)	Φ8@100	
	3.550～7.200	500x500	4Φ18	2Φ16	2Φ16	1.(4x4)	Φ8@100	
KZ22	基础顶～-0.050	500x500	4Φ20	2Φ18	2Φ18	1.(4x4)	Φ10@100	
	-0.050～3.550	500x500	4Φ20	2Φ18	2Φ18	1.(4x4)	Φ8@100/150	
	3.550～7.200	500x500	4Φ18	2Φ16	2Φ16	1.(4x4)	Φ8@100/150	
KZ23	基础顶～-0.050	500x500	4Φ20	2Φ18	2Φ18	1.(4x4)	Φ10@100	
	-0.050～3.550	500x500	4Φ20	2Φ18	2Φ18	1.(4x4)	Φ8@100/150	
	3.550～7.200	500x500	4Φ18	2Φ16	2Φ16	1.(4x4)	Φ8@100/150	
KZ24	基础顶～-0.050	500x500	4Φ18	2Φ18	2Φ18	1.(4x4)	Φ10@100	
	-0.050～3.550	500x500	4Φ18	2Φ18	2Φ18	1.(4x4)	Φ8@100	
	3.550～7.200	500x500	4Φ18	2Φ16	2Φ16	1.(4x4)	Φ8@100	

日期	2017.01	工程名称	广联达专用宿舍楼	图纸名称	柱配筋表，节点详图
图纸编号	结施-04				

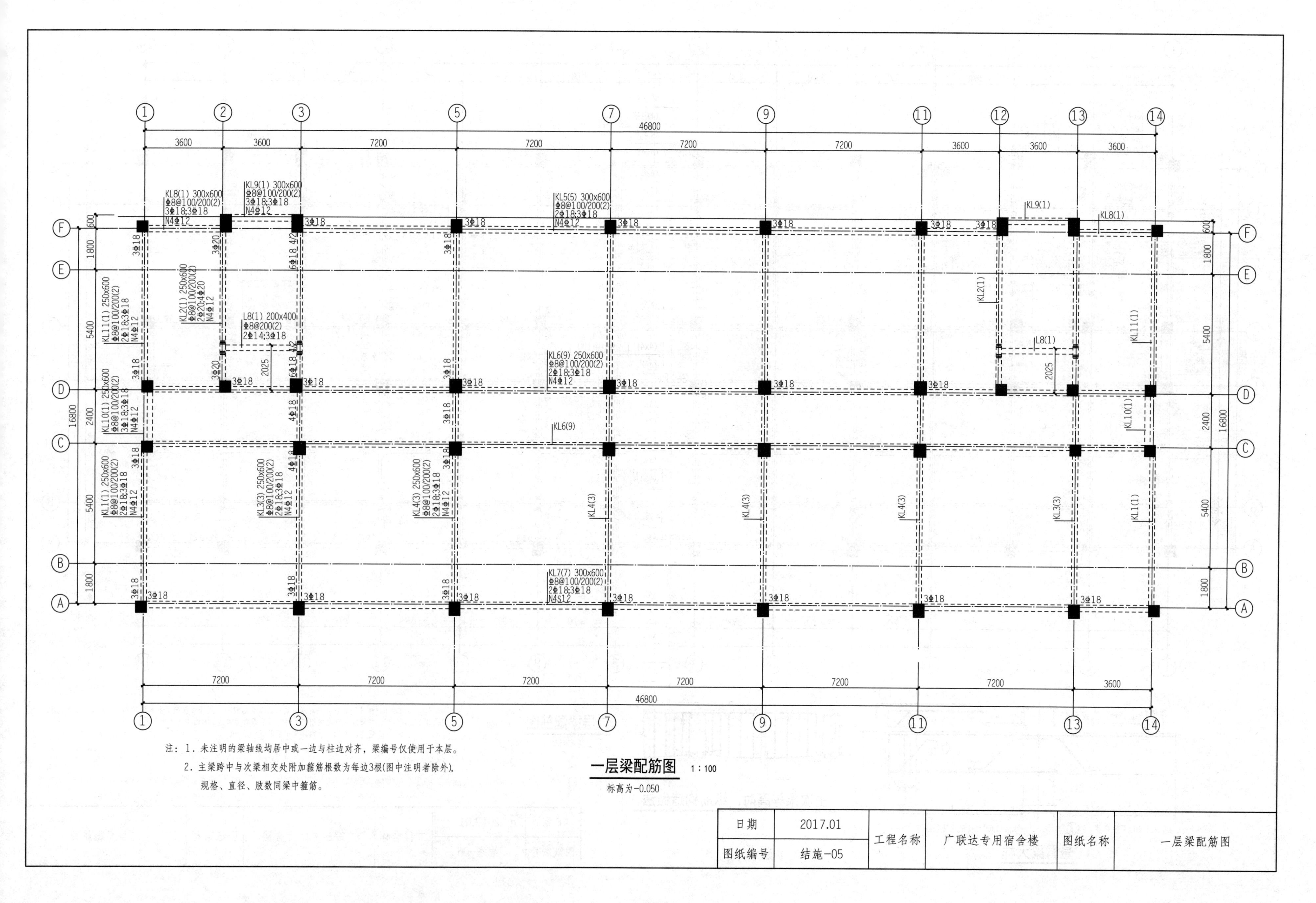
注：1．未注明的梁轴线均居中或一边与柱边对齐，梁编号仅使用于本层。
2．主梁跨中与次梁相交处附加箍筋根数为每边3根(图中注明者除外)，
规格、直径、肢数同梁中箍筋。
一层梁配筋图 1：100
标高为-0.050
日期
2017.01
工程名称
广联达专用宿舍楼
图纸名称
一层梁配筋图
图纸编号
结施-05

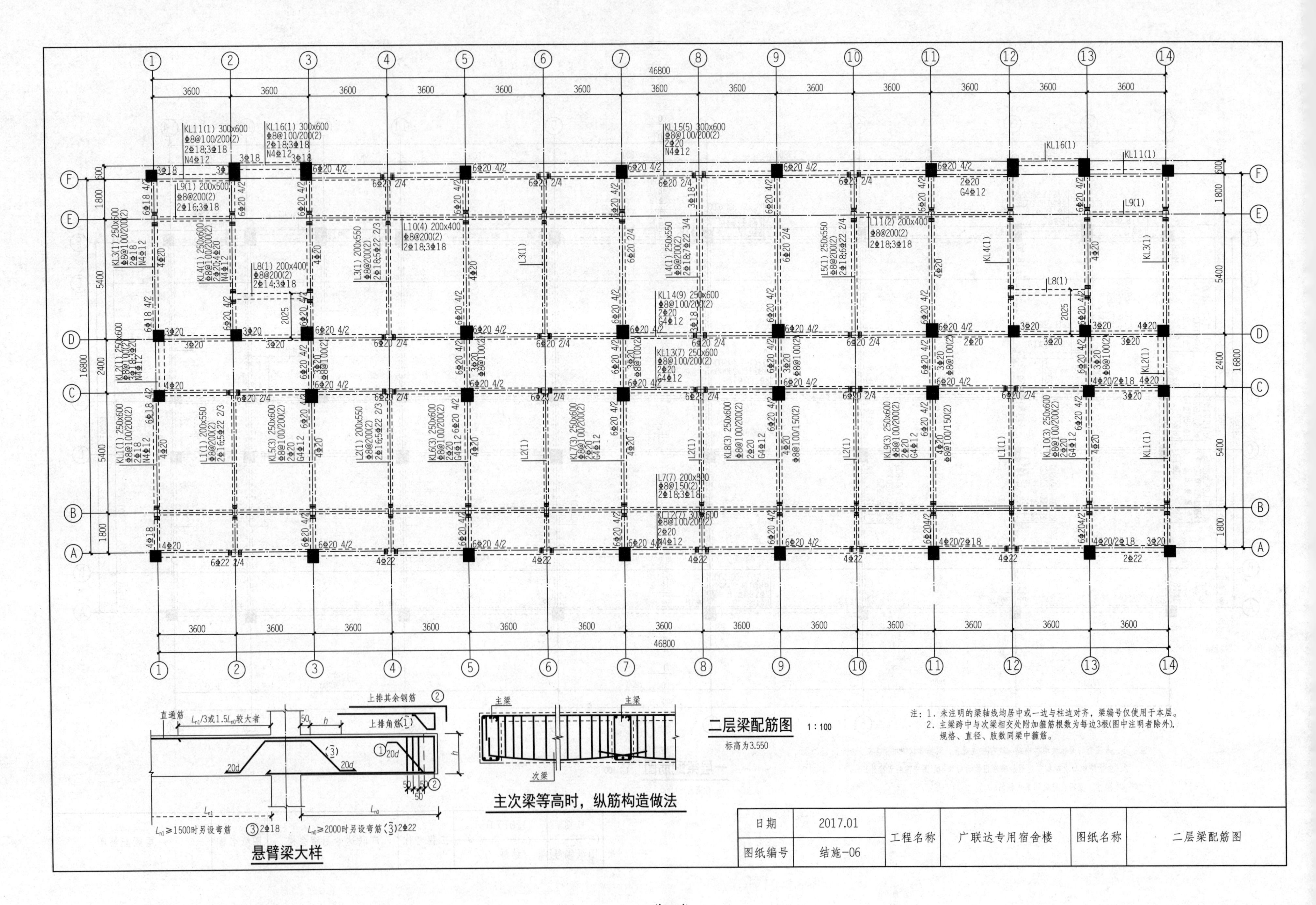
二层梁配筋图 1:100
标高为3.550
悬臂梁大样
直通筋
L_{n1}/3或1.5L_{n0}较大者
上排其余钢筋 ②
上排角筋 ①
20d
L_{n1}≥1500时另设弯筋 ③ 2⌀18
L_{n0}≥2000时另设弯筋 ③ 2⌀22
主梁
次梁
主次梁等高时，纵筋构造做法
注：1. 未注明的梁轴线均居中或一边与柱边对齐，梁编号仅使用于本层。
2. 主梁跨中与次梁相交处附加箍筋根数为每边3根(图中注明者除外)，规格、直径、肢数同梁中箍筋。
日期
2017.01
图纸编号
结施-06
工程名称
广联达专用宿舍楼
图纸名称
二层梁配筋图

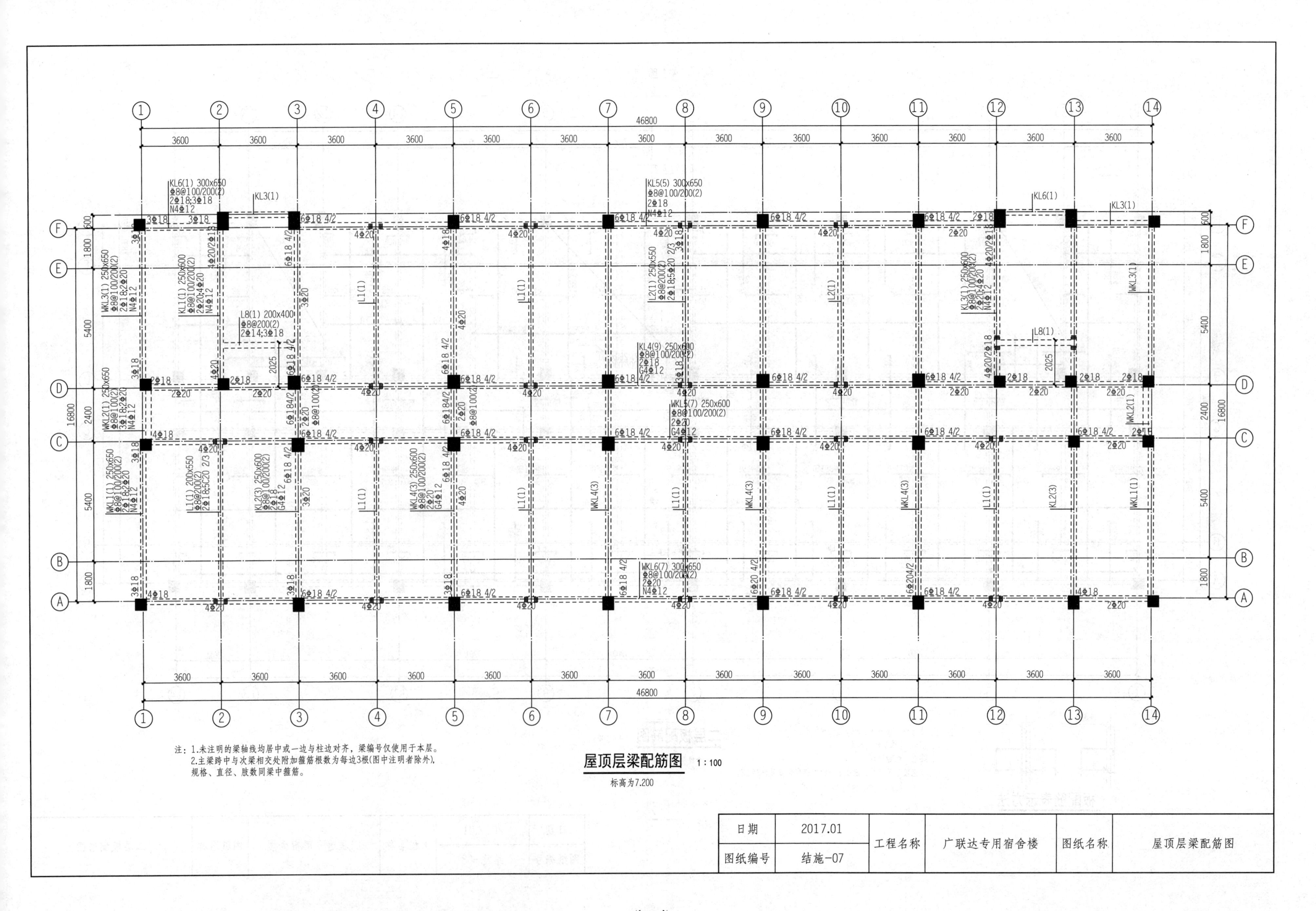
注：1.未注明的梁轴线均居中或一边与柱边对齐，梁编号仅使用于本层。
2.主梁跨中与次梁相交处附加箍筋根数为每边3根(图中注明者除外)，
规格、直径、肢数同梁中箍筋。
屋顶层梁配筋图 1：100
标高为7.200
日期
2017.01
工程名称
广联达专用宿舍楼
图纸名称
屋顶层梁配筋图
图纸编号
结施-07

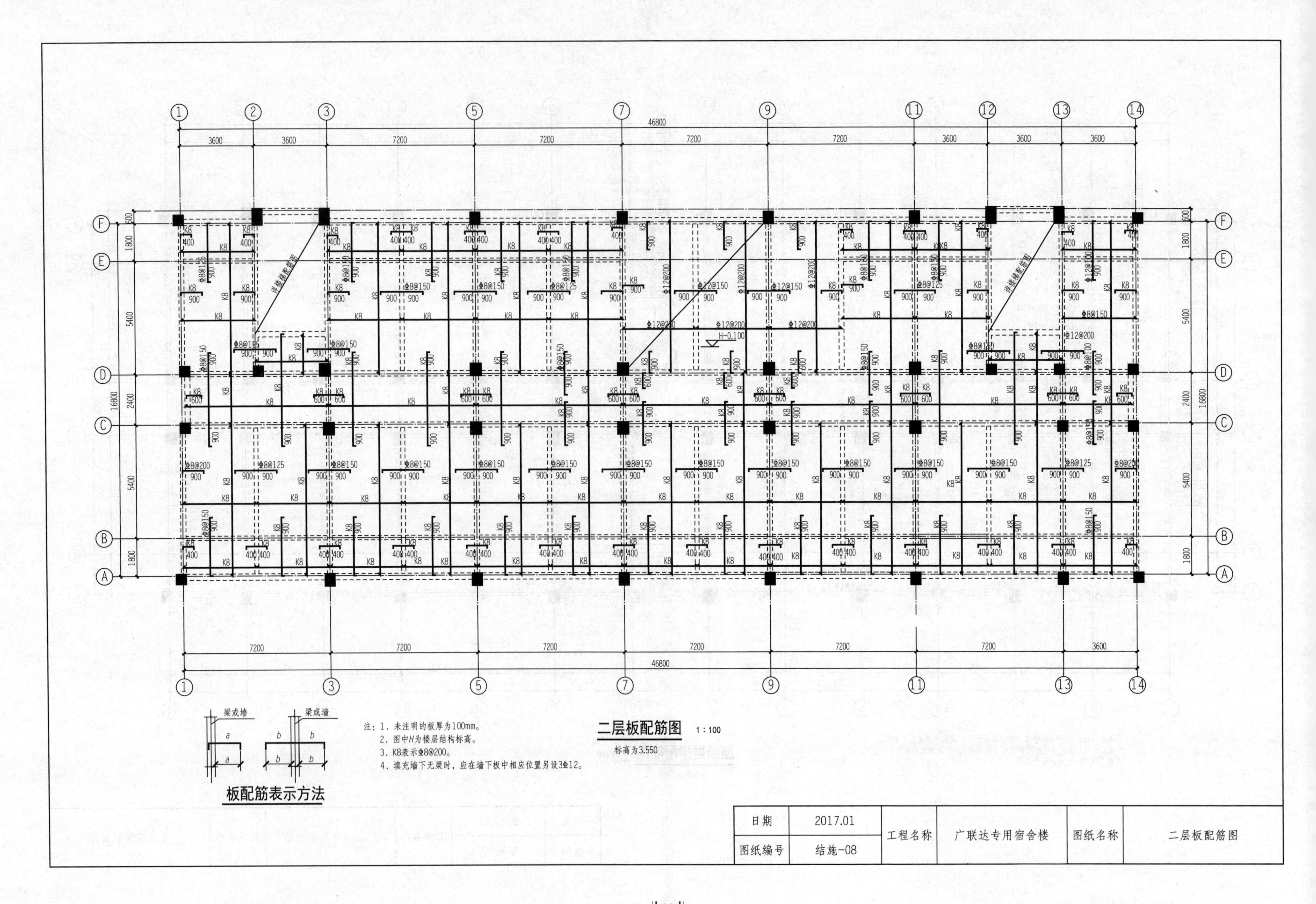
二层板配筋图 1:100
标高为3.550
板配筋表示方法
梁或墙
注：1. 未注明的板厚为100mm。
2. 图中H为楼层结构标高。
3. K8表示Φ8@200。
4. 填充墙下无梁时，应在墙下板中相应位置另设3Φ12。
日期 2017.01
图纸编号 结施-08
工程名称 广联达专用宿舍楼
图纸名称 二层板配筋图

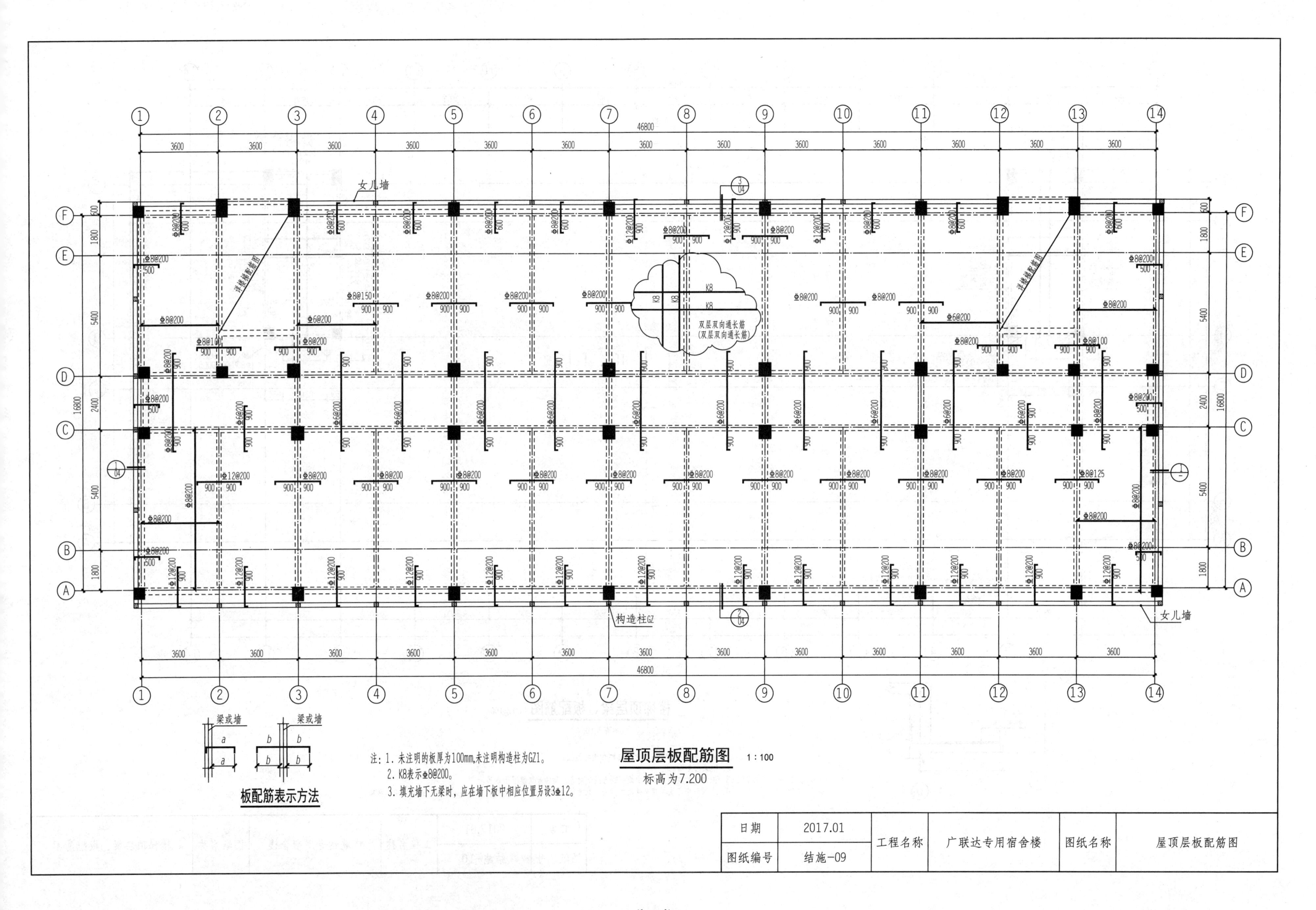

女儿墙
构造柱GZ
双层双向通长筋
(双层双向通长筋)
梁或墙
板配筋表示方法
注：1. 未注明的板厚为100mm,未注明构造柱为GZ1。
2. K8表示ф8@200。
3. 填充墙下无梁时，应在墙下板中相应位置另设3ф12。
屋顶层板配筋图 1：100
标高为7.200
日期
2017.01
图纸编号
结施-09
工程名称
广联达专用宿舍楼
图纸名称
屋顶层板配筋图

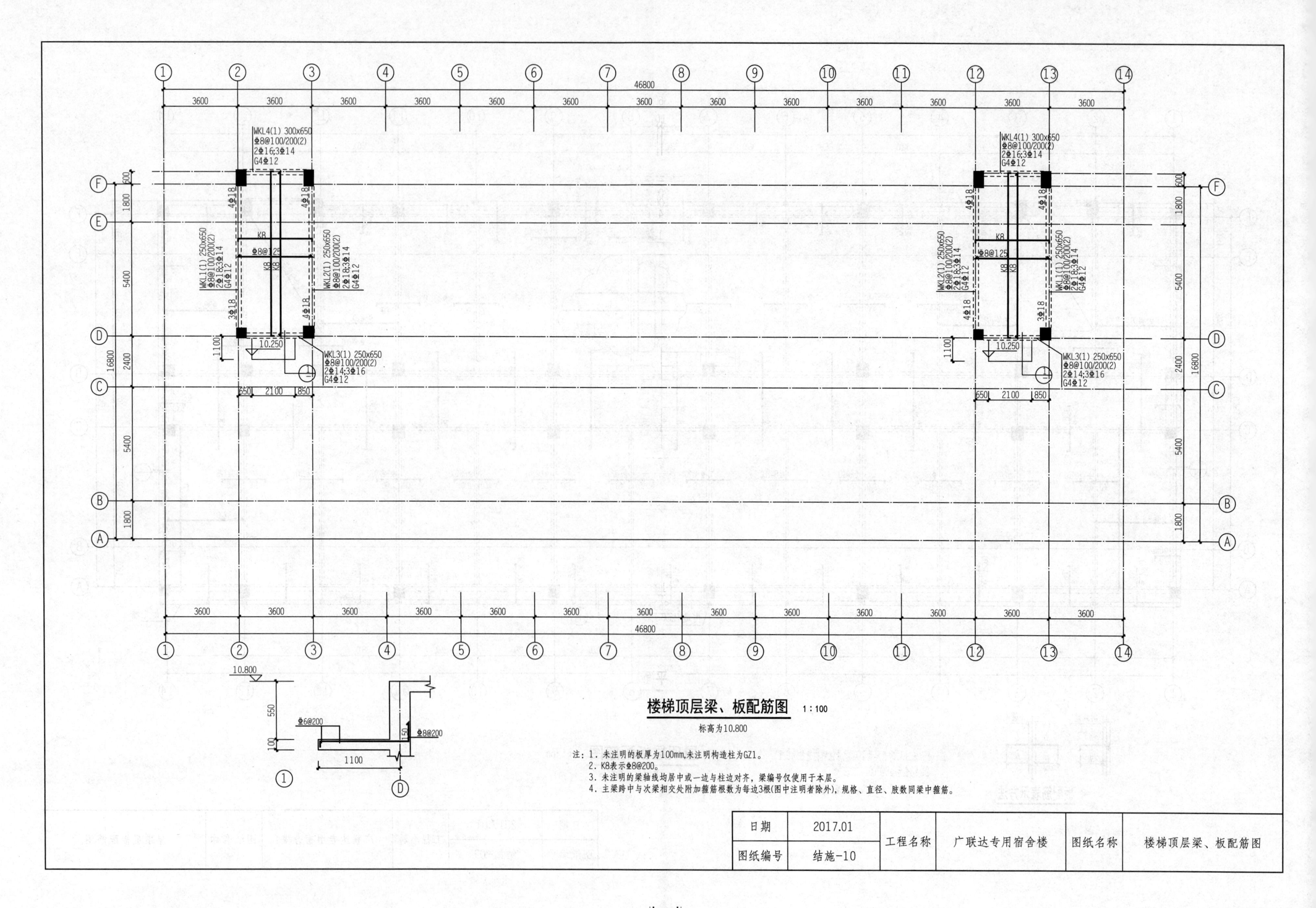
楼梯顶层梁、板配筋图 1:100
标高为10.800
注：1. 未注明的板厚为100mm,未注明构造柱为GZ1。
2. K8表示Φ8@200。
3. 未注明的梁轴线均居中或一边与柱边对齐，梁编号仅使用于本层。
4. 主梁跨中与次梁相交处附加箍筋根数为每边3根(图中注明者除外)，规格、直径、肢数同梁中箍筋。
WKL4(1) 300x650
Φ8@100/200(2)
2Φ16;3Φ14
G4Φ12
WKL1(1) 250x650
Φ8@100/200(2)
2Φ18;3Φ14
G4Φ12
WKL2(1) 250x650
Φ8@100/200(2)
2Φ18;3Φ14
G4Φ12
WKL3(1) 250x650
Φ8@100/200(2)
2Φ14;3Φ16
G4Φ12
Φ8@125
10.250
10.800
Φ6@200
Φ8@200
46800
日期
2017.01
图纸编号
结施-10
工程名称
广联达专用宿舍楼
图纸名称
楼梯顶层梁、板配筋图

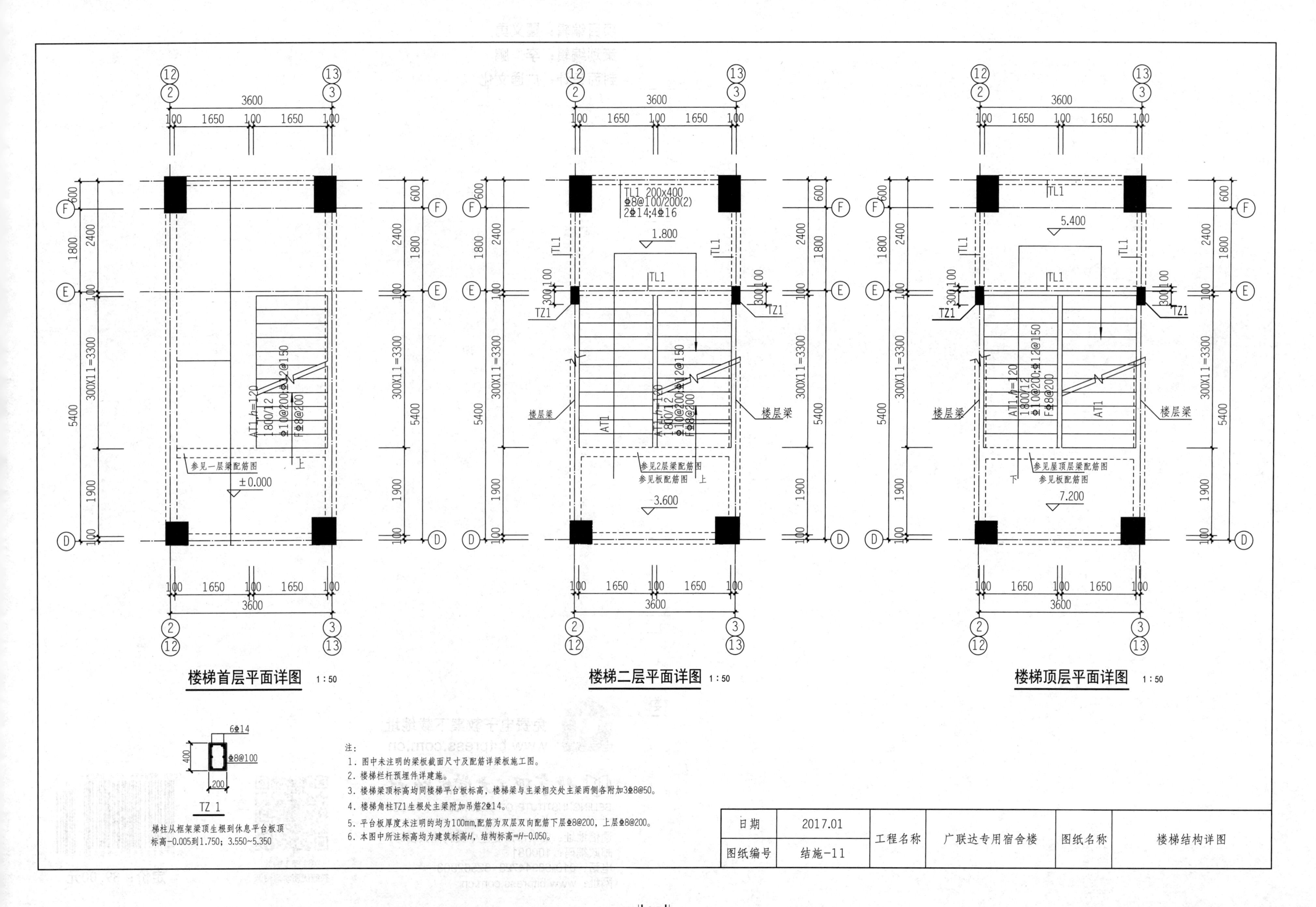
楼梯首层平面详图 1:50
楼梯二层平面详图 1:50
楼梯顶层平面详图 1:50
TL1 200x400
Φ8@100/200(2)
2Φ14;4Φ16
AT1,h=120
1800/12
Φ10@200;Φ12@150
FΦ8@200
TZ1
楼层梁
参见一层梁配筋图
参见2层梁配筋图
参见板配筋图
参见屋顶层梁配筋图
±0.000
1.800
3.600
5.400
7.200
300X11=3300
TZ 1
6Φ14
Φ8@100
梯柱从框架梁顶生根到休息平台板顶
标高-0.005到1.750；3.550~5.350
注：
1. 图中未注明的梁板截面尺寸及配筋详梁板施工图。
2. 楼梯栏杆预埋件详建施。
3. 楼梯梁顶标高均同楼梯平台板标高，楼梯梁与主梁相交处主梁两侧各附加3Φ8@50。
4. 楼梯角柱TZ1生根处主梁附加吊筋2Φ14。
5. 平台板厚度未注明的均为100mm,配筋为双层双向配筋下层Φ8@200，上层Φ8@200。
6. 本图中所注标高均为建筑标高H，结构标高=H-0.050。
日期
2017.01
工程名称
广联达专用宿舍楼
图纸名称
楼梯结构详图
图纸编号
结施-11

项目编辑：瞿义勇
策划编辑：李　鹏
封面设计：广通文化

免费电子教案下载地址
www.bitpress.com.cn

北京理工大学出版社
BEIJING INSTITUTE OF TECHNOLOGY PRESS

通信地址：北京市海淀区中关村南大街5号
邮政编码：100081
电话：010-68944723 82562903
网址：www.bitpress.com.cn

关注理工职教
获取优质学习资源

ISBN 978-7-5682-0508-5

定价：39.00元